辛晓斌——著/绘

线绘美景 | 钢笔画街景基础教程

Xianhui Meijing

人民邮电出版社

北京

图书在版编目（CIP）数据

线绘美景 : 钢笔画街景基础教程 / 辛晓斌著绘. -- 北京 : 人民邮电出版社, 2020.1
ISBN 978-7-115-51742-5

Ⅰ. ①线… Ⅱ. ①辛… Ⅲ. ①建筑画－钢笔画－绘画技法－教材 Ⅳ. ①TU204.11

中国版本图书馆CIP数据核字(2019)第167949号

内 容 提 要

手中的笔，已经跟不上城市转瞬即逝的变化，所以，必须努力多留下一点飞快消失的城市印记。选择钢笔，因为它的便捷是其他绘画工具无法代替的。然而，钢笔画所具有的极其丰富的表现力，却一直被忽视。

本书从最基本的工具介绍和线条练习入手，系统地介绍了钢笔画中的一点透视和两点透视原理，以及实例绘制分析，对街景绘制、建筑风景绘制、场景绘制的写生方法做了详细讲解。本书通过丰富的案例以及不同风格和场景的建筑物，从专业的视角结合作者多年的绘画经验详细地进行解说，犹如老师手把手地教你作画，让你体验钢笔笔尖下的黑白世界。

本书适合钢笔画爱好者和艺术爱好者作为入门教程，也可作为美术培训机构和相关院校的教材使用。

◆ 著 / 绘 辛晓斌
责任编辑 何建国
责任印制 陈 犇
◆ 人民邮电出版社出版发行 北京市丰台区成寿寺路 11 号
邮编 100164 电子邮件 315@ptpress.com.cn
网址 http://www.ptpress.com.cn
三河市中晟雅豪印务有限公司印刷
◆ 开本：787×1092 1/16
印张：10.5 2020 年 1 月第 1 版
字数：282 千字 2020 年 1 月河北第 1 次印刷

定价：59.80 元

读者服务热线：(010)81055296 印装质量热线：(010)81055316
反盗版热线：(010)81055315
广告经营许可证：京东工商广登字 20170147 号

目录
CONTENTS

第1章 绘制钢笔画掌握这些工具就够了

第2章 钢笔画街景线条及基础练习

第3章 钢笔画街景单体练习

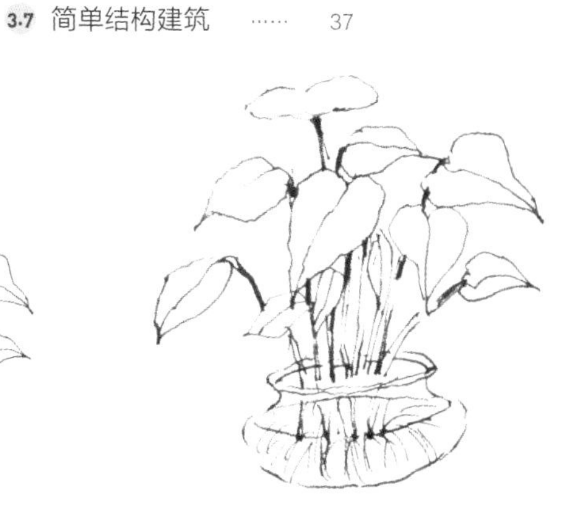

第 4 章 钢笔画街景一点透视及实例绘制

第 5 章 钢笔画街景两点透视及实例绘制

第 6 章 “醉心”都市街景绘制

第7章 “打卡”建筑街景绘制

第8章 经典街景创作

第1章

CHAPTER 1

绘制钢笔画掌握这些工具就够了

钢笔便于携带，可以随时记录身边的事物，具有其他画笔难以媲美的便捷性，绘制出的画面具有独特的艺术魅力。此外针管笔、蘸水笔和马克笔也可以用于绘制钢笔画。

1.1 钢笔

钢笔是常见的绘画工具，笔头由金属制成。绘制的线条干净优美，并且非常流畅，利于表现物体的形体特征。

不同款式的钢笔

笔头结构

钢笔笔头分为弯笔头和平笔头。弯笔头钢笔也就是美工钢笔，可利用弯曲部分画出各种粗细多变的线条，更具表现力；平笔头钢笔则比较常见，笔尖出水流畅，笔触平稳，线条粗细变化均匀，适用于初学者。

钢笔笔头型号

钢笔笔头从细到粗，各种型号都有。一般最常见的钢笔笔头型号有B（Broad粗）、M（Medium中粗）、FM（Fine-Medium中细）、F（Fine细），以及EF（Extra-Fine特细）。

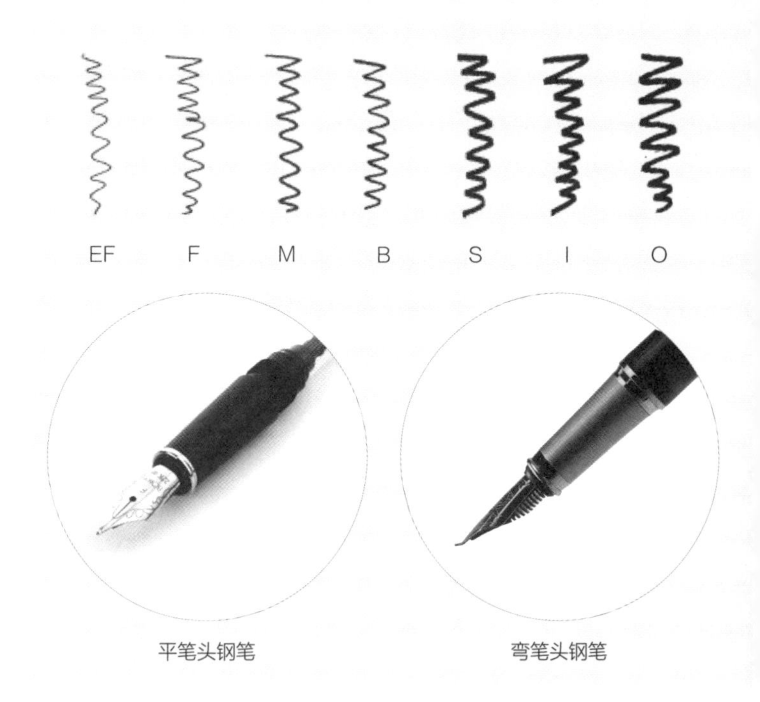

平笔头钢笔　　弯笔头钢笔

本书案例都是用平笔头钢笔绘制而成的。平头钢笔可以轻松地绘制出建筑物的大片暗部、轮廓和结构。

1.2 墨线笔

墨线笔是绘图用笔的总称，包括针管笔、蘸水笔、圆头笔等。在钢笔画中针管笔使用频率大，针管笔分为可灌注针管笔和一次性针管笔。可灌注针管笔是绘画中最常用的绘制工具之一，绘制出的线条非常平滑稳定；一次性针管笔较为轻便，也方便绘画者使用。

不同规格的针管笔

蘸水笔

蘸水笔是钢笔的一种，笔头由金属制成，它没有墨管，可以直接使用笔头蘸取墨水来进行绘画。其特点是线条能根据力度、角度与所蘸墨水量的不同产生灵活的粗细变化。

蘸水笔笔尖型号

G 型笔尖，线条变化较大，用于画轮廓。

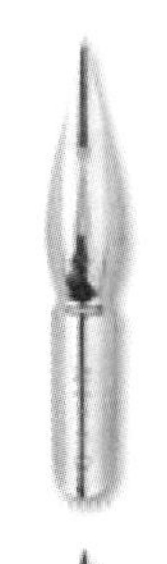

D 型笔尖，线条变化均匀，可用于勾线或小面积涂黑。

学生笔尖，线条较细，适用于细节和花纹的刻画。

圆笔尖，可画不同的细线，适合细节刻画。

1.3 墨水

墨水是一种含有色素或染料的液体，被用于书写或绘画。黑墨水以碳素墨水最为理想，碳素墨水有光泽，在纸上黑白分明，用来绘制钢笔画或书写钢笔书法作品效果极佳。专业的绘画墨水还提供不同明度，可以根据需求购买其中色差较大的几种。钢笔画中常用的墨水颜色是黑色，不同种类的墨水，其颜色的浓淡也存在着差异。

不同种类的墨水颜色

使用钢笔蘸取少量墨水可以绘制出植物清晰的阴影和轮廓。

图中阴影的绘制使用钢笔蘸取墨水绘制而成。大片的墨水会浸透纸面，所以绘画之前需备好纸巾，以便吸取多余的墨水。

1.4 纸

绘制钢笔画之前，还需要对画纸有所了解。钢笔画的用纸没有严格规定，可用素描纸、速写纸、卡纸、水彩纸、布纹纸、有色纸等。

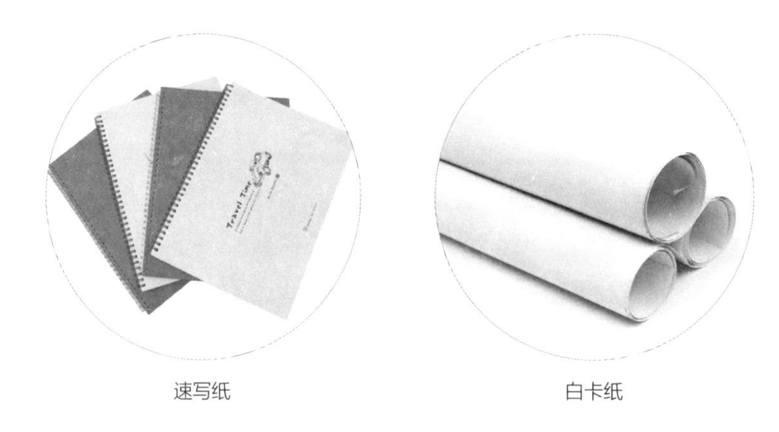

速写纸　　白卡纸

1.5 其他辅助工具

橡皮

在钢笔绘画中要把橡皮当作作画的工具，而不是修改的工具，因为钢笔画画面一旦破坏，根本无法修复。可以把橡皮切成小块，擦拭很小区域的效果。整块橡皮可以对画面的某些局部墨色作减弱处理，比如远山的迷蒙效果等。

高光笔

高光笔是钢笔画绘制中提亮画面的工具。高光笔的覆盖力强，在绘制一些特殊纹路时，如水纹时尤为必要，适度加高光可以让水波纹更加生动、逼真。

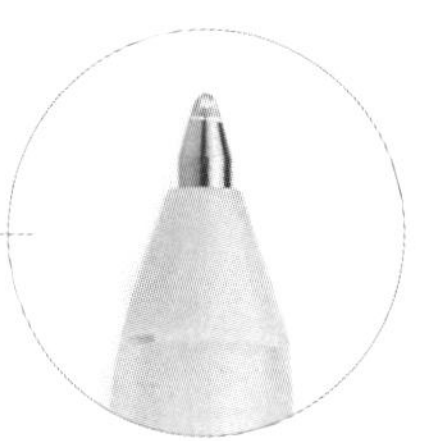

笔尖内有弹性塑料或者金属细针，书写时微力向下按即可顺畅出水。

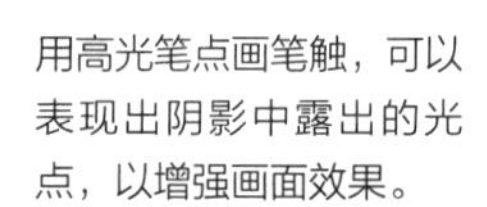

用高光笔点画笔触，可以表现出阴影中露出的光点，以增强画面效果。

第2章

CHAPTER 2

钢笔画街景线条及基础练习

线条的表现在钢笔画中显得尤为重要，掌握好线条的绘制技法可以增强画面的表现力，提升整幅画作的视觉效果。

2.1 简单线条

快直线

快直线的特点是运笔自然、流畅、速度快。

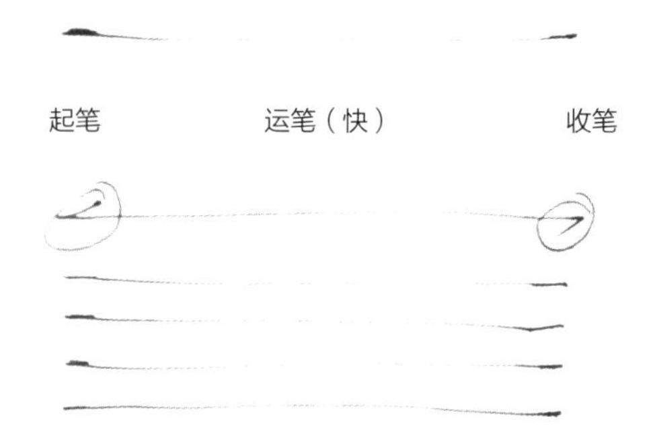

慢直线

慢直线的特点是运笔速度慢、抖动、小曲大直。

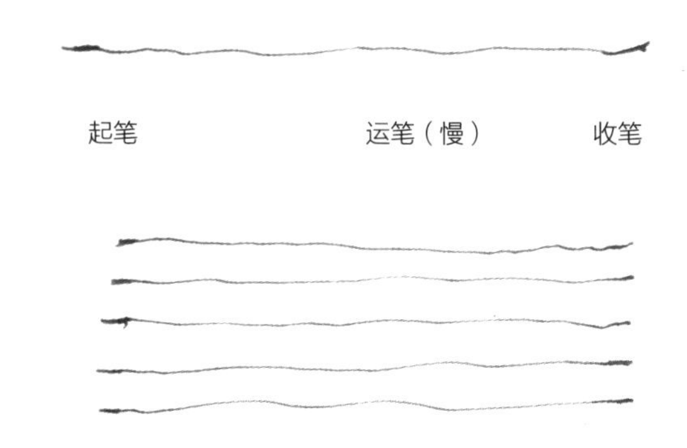

竖线

竖线的运笔特点是力度两头重，中间轻、小曲大直。

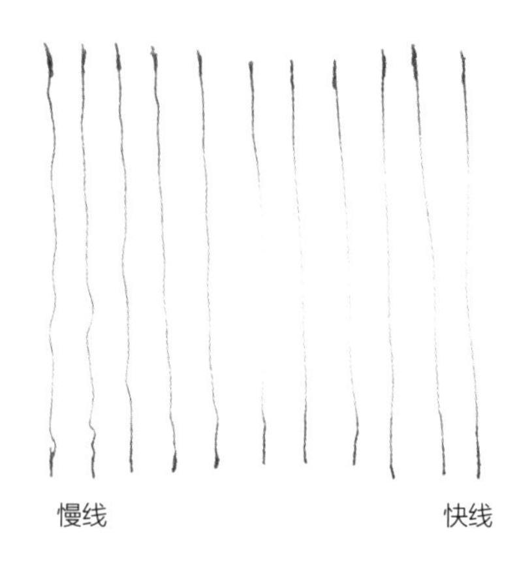

发散线

发散线的特点是以一个中心点向四周发散。

各个方向的曲线

控制线

控制线可以表现画面的秩序感。

在一幅钢笔画中，总要有线与线之间的连接，这就要求控制线的方向和长短要准确。

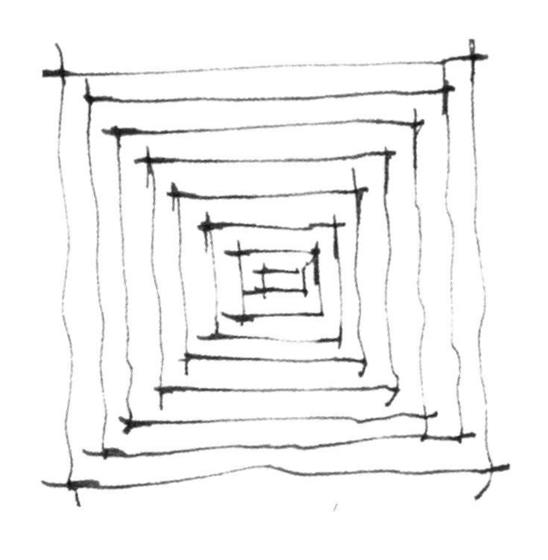

渐变

只有规律地变化线条效果才能达到画面所需效果。

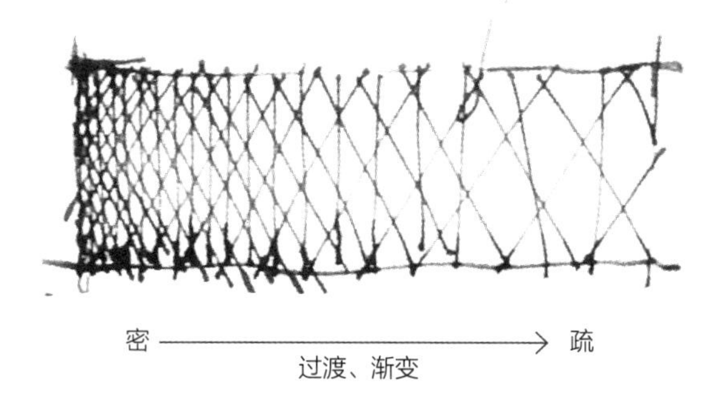

破笔

破笔的意思就是打破原有的规律，如下图。

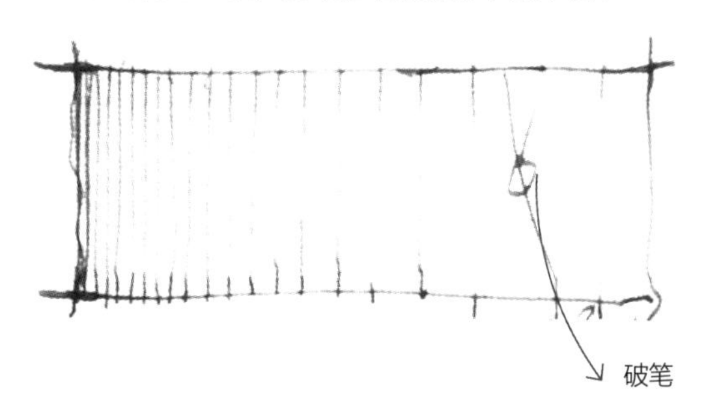

2.2 线条的疏密组合

横线疏密组合

横线的疏密组合对比如右图。

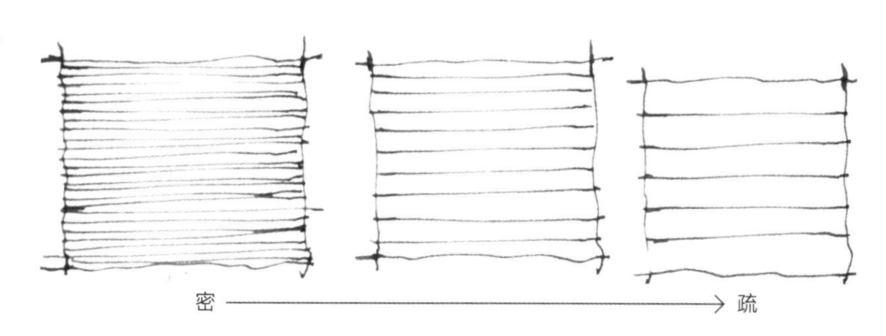

竖线疏密组合

竖线的疏密组合对比如右图。

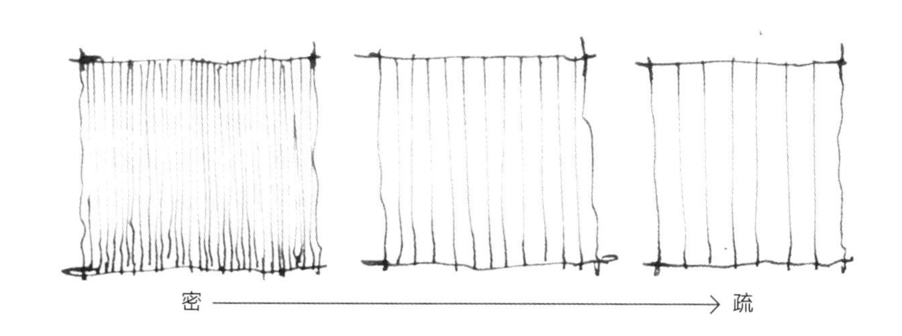

斜线疏密组合

斜线的疏密组合对比如右图。

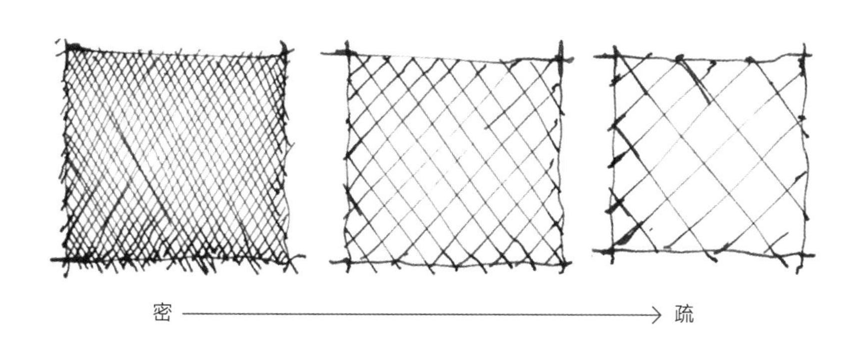

综合疏密组合

在绘制钢笔画时画面会有线条深浅变化。素描中的亮灰暗面是通过线条的疏密组合来实现的，右图中以几种不同的排线疏密组合来展示钢笔画中颜色的深浅变化。

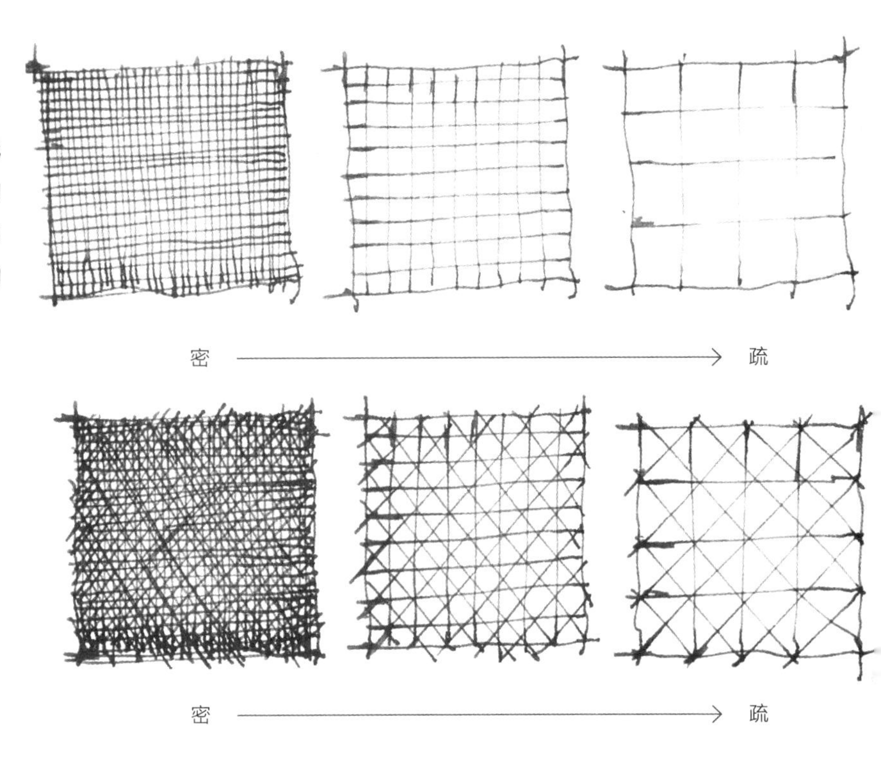

2.3 用线条表现不同的质感

除了以上的排线形式外，还有很多其他创意排线形式，不同的排线形式具有不同的画面效果。使用不同的排线，不但可以表现物体的明暗关系，还可以表现出物体的质感。

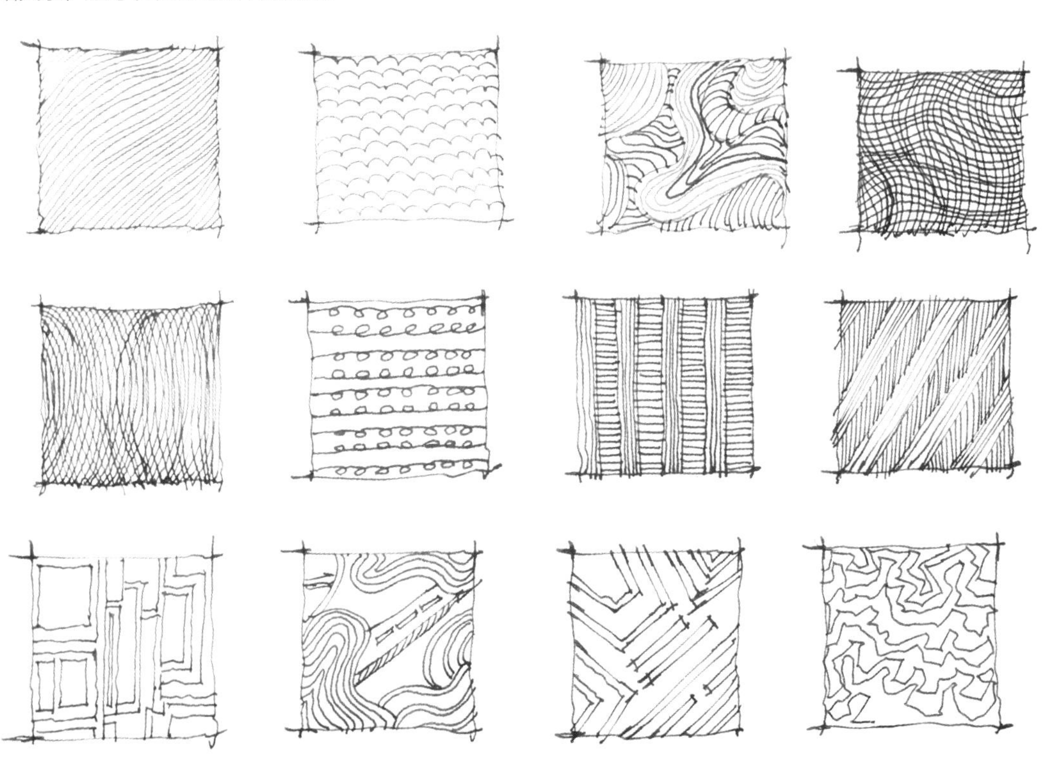

第3章
CHAPTER3

钢笔画街景单体练习

一幅完整的钢笔画是由不同的线条绘制而成，线条经过不同的组合形成和谐的画面。线条的简单组合可以表现出植物、树木、石材、家具、人物、生活用具、交通工具等。

3.1 植物

单体植物的画法

绘制植物常分为两大步
1. 利用线条绘制出植物的外轮廓。2. 利用线条的明暗变化绘制出植物的体积、颜色及质感。
可通过线条的组合应用绘制不同形态的植物。下面将介绍几种常见植物的外形和画法。

叶片向两侧自然弯曲，叶片有大有小。

植物的叶片以面来表现，不同大小的叶片组成了一株植物。

叶片方向一致，有一定的规律。

叶片可以用不规则的线条来表现，画出的植物较为轻松。

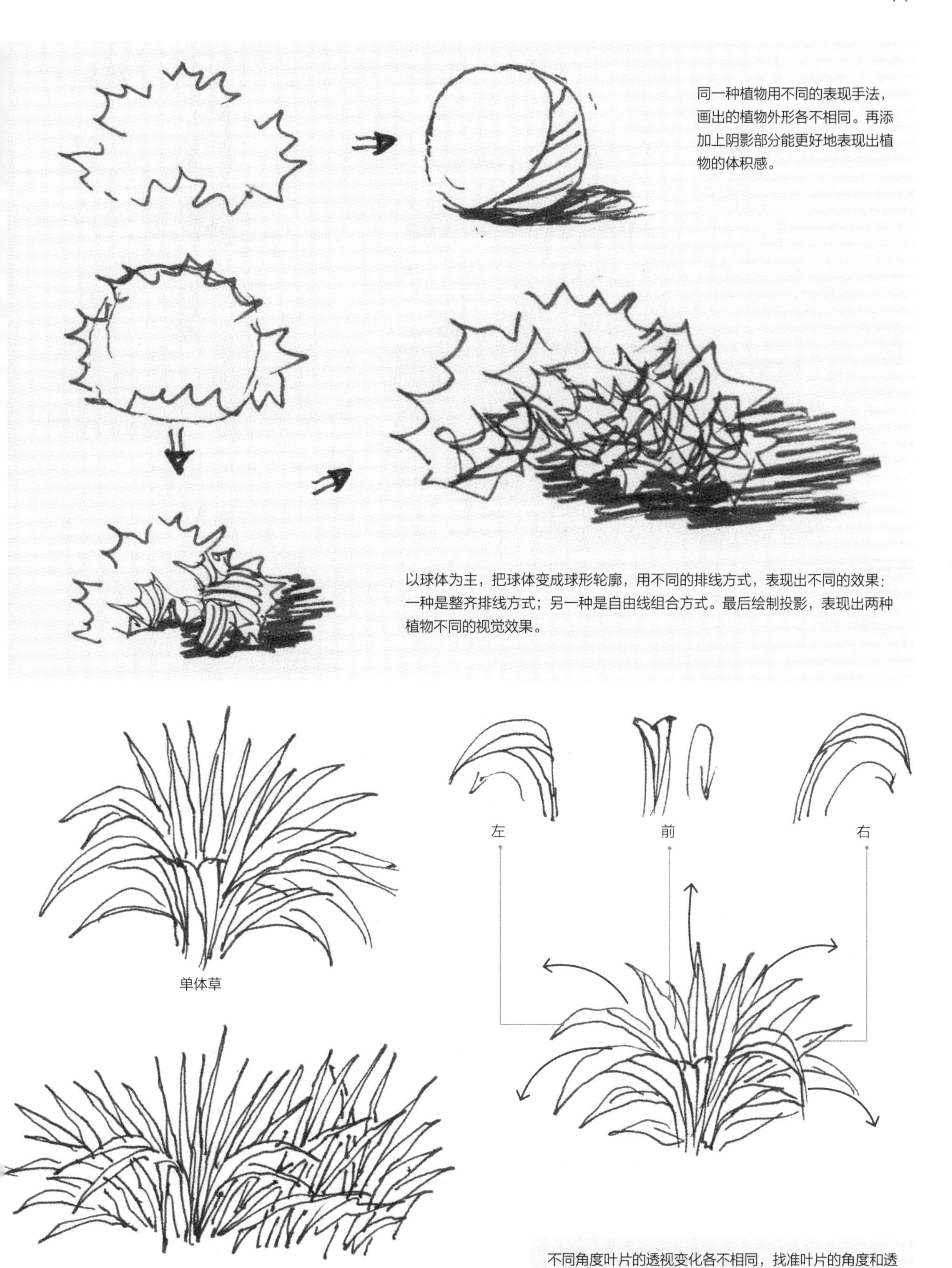

同一种植物用不同的表现手法，画出的植物外形各不相同。再添加上阴影部分能更好地表现出植物的体积感。

以球体为主，把球体变成球形轮廓，用不同的排线方式，表现出不同的效果：一种是整齐排线方式；另一种是自由线组合方式。最后绘制投影，表现出两种植物不同的视觉效果。

不同角度叶片的透视变化各不相同，找准叶片的角度和透视变化，才能更好地画出一丛丛小草。

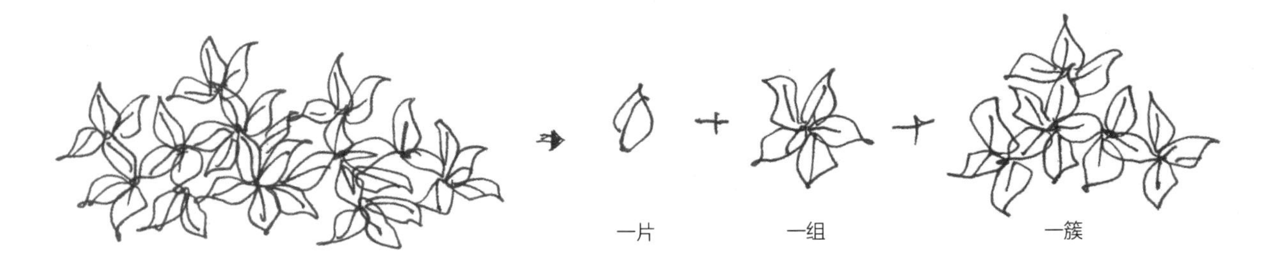

在绘制叶片较多的植物时，可以将叶片分解开画，注意叶片之间的遮挡关系，绘制时要有耐心。

加强植物明暗效果的对比，可以更好地体现出植物的体积感。

植物绘制步骤

❶ 用针管笔绘制出植物的轮廓，先从一组叶子画起 ，逐步添加。在绘制的过程中要注意叶片的前后遮挡关系。

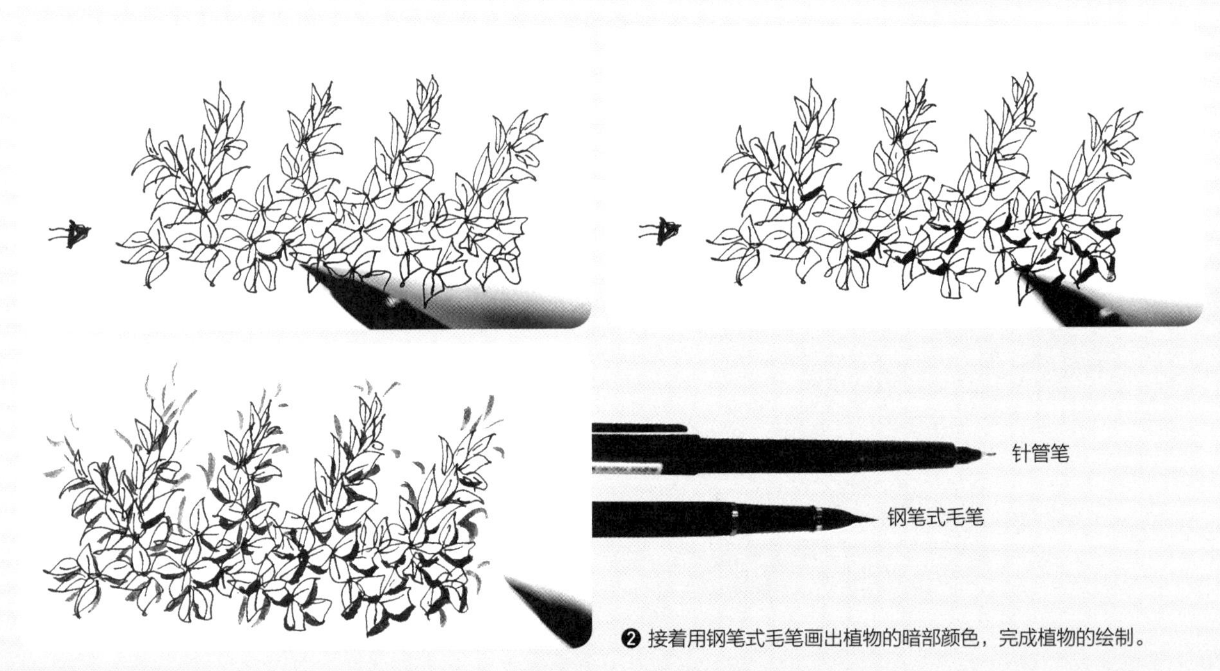

❷ 接着用钢笔式毛笔画出植物的暗部颜色，完成植物的绘制。

组合植物的画法

植物可以和石头、花盆、其他花卉进行组合，绘制时要区分出不同物体的结构。

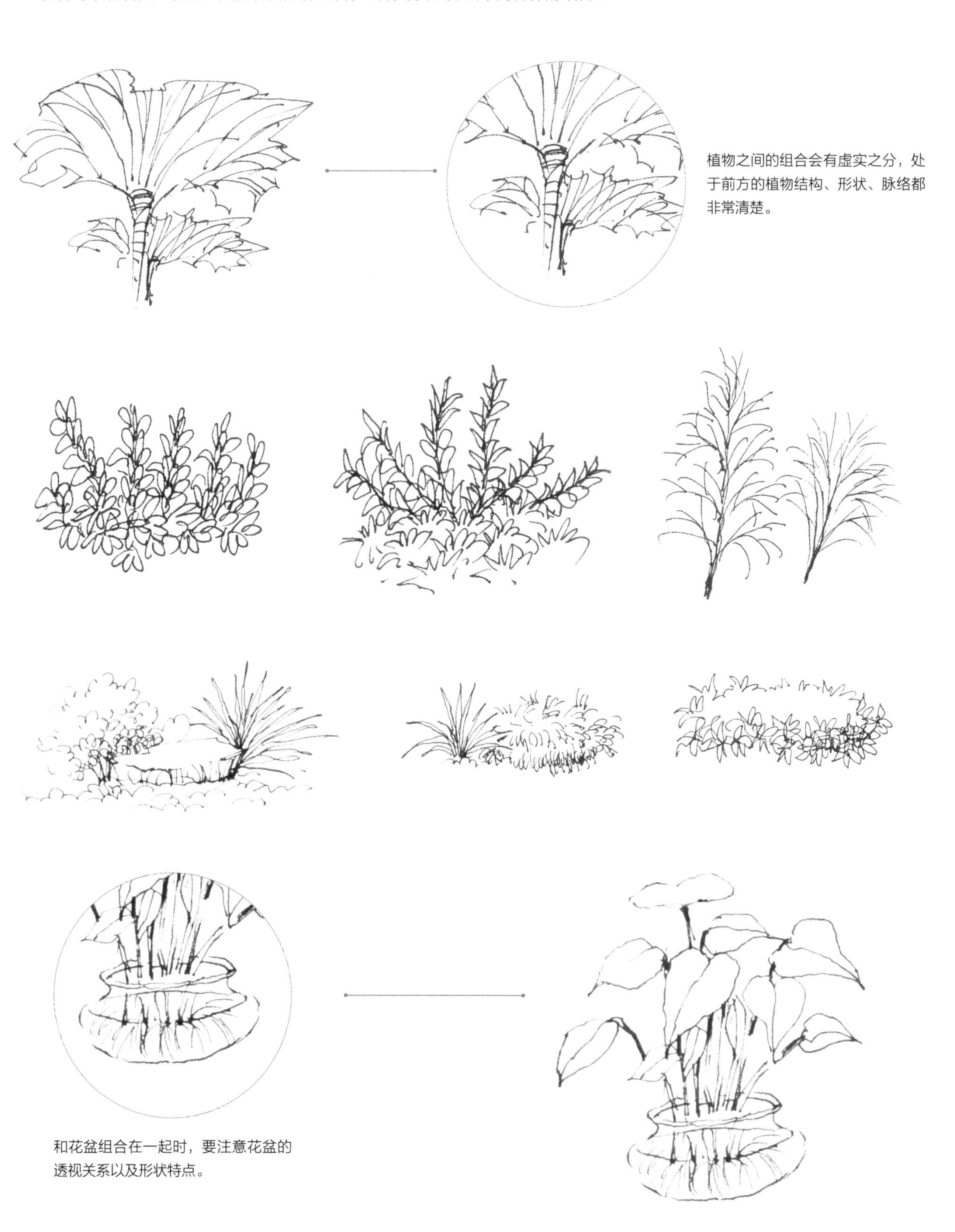

植物之间的组合会有虚实之分，处于前方的植物结构、形状、脉络都非常清楚。

和花盆组合在一起时，要注意花盆的透视关系以及形状特点。

花盆植物绘制步骤

❶ 用针管笔绘制出植物的轮廓，先从一组叶片画起，逐步向周围添加其他叶片。

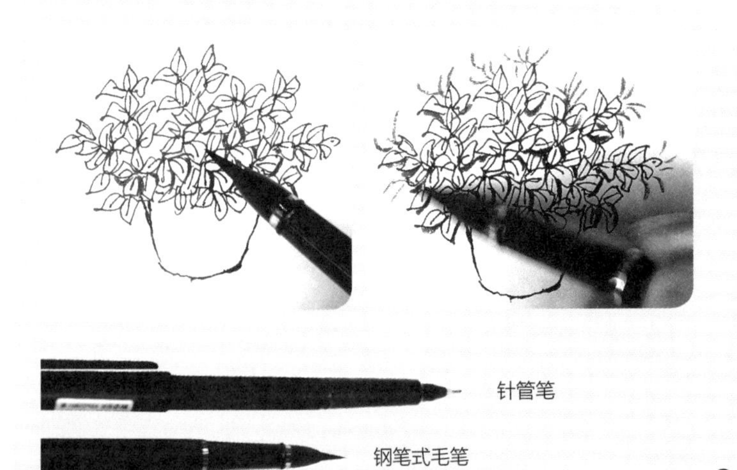

❷ 接着用钢笔式毛笔画出植物的暗部和花盆的轮廓。

3.2 树木

灌木的画法

灌木一般是成组出现的，绘制时线条要进行整理概括，下面是线条概括的两种方式。

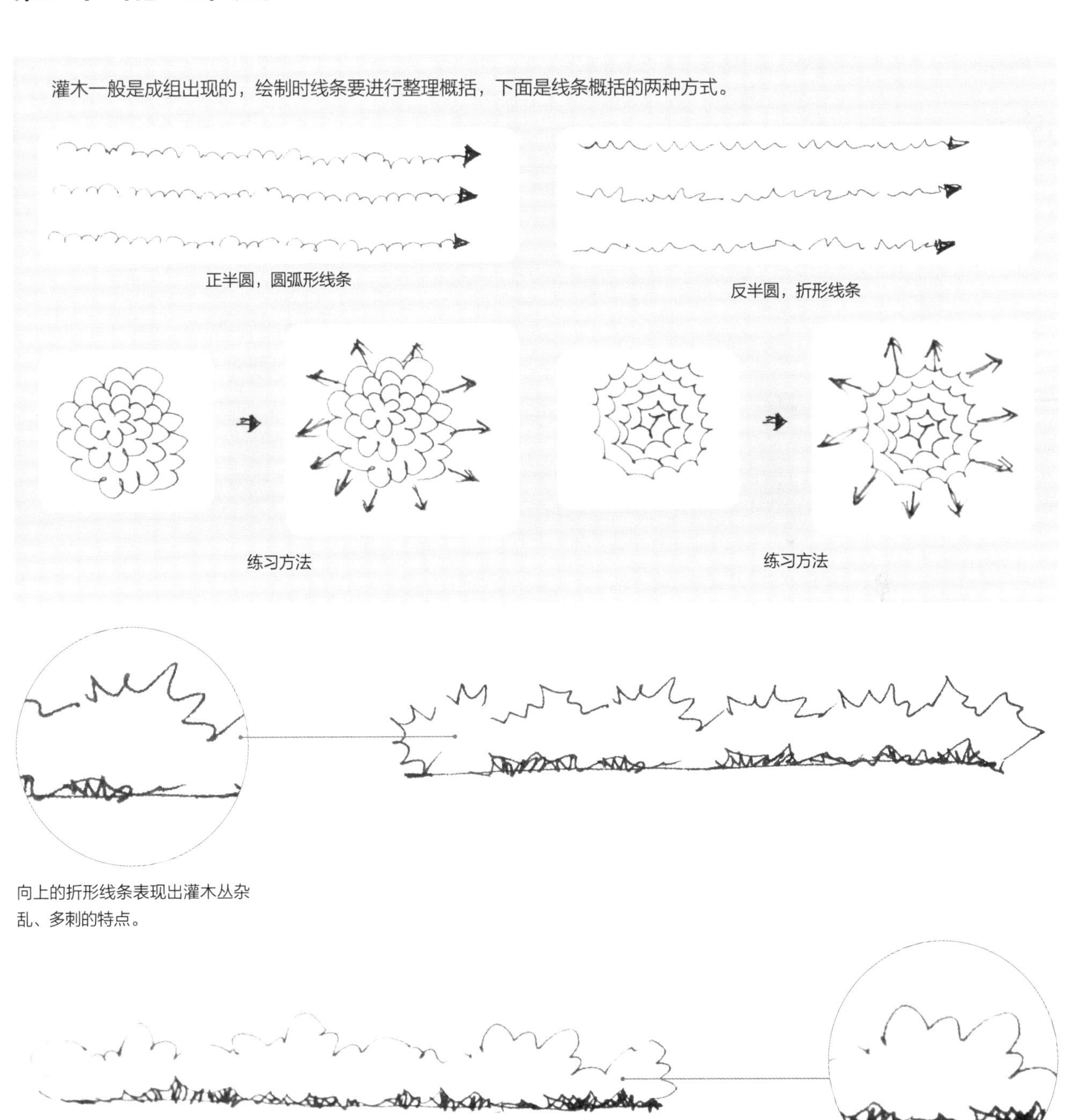

向上的折形线条表现出灌木丛杂乱、多刺的特点。

向上的半圆弧形线条表现出灌木丛修剪整齐、圆润的特点。

右图中是多种线条结合表现出的灌木效果。

灌木绘制步骤

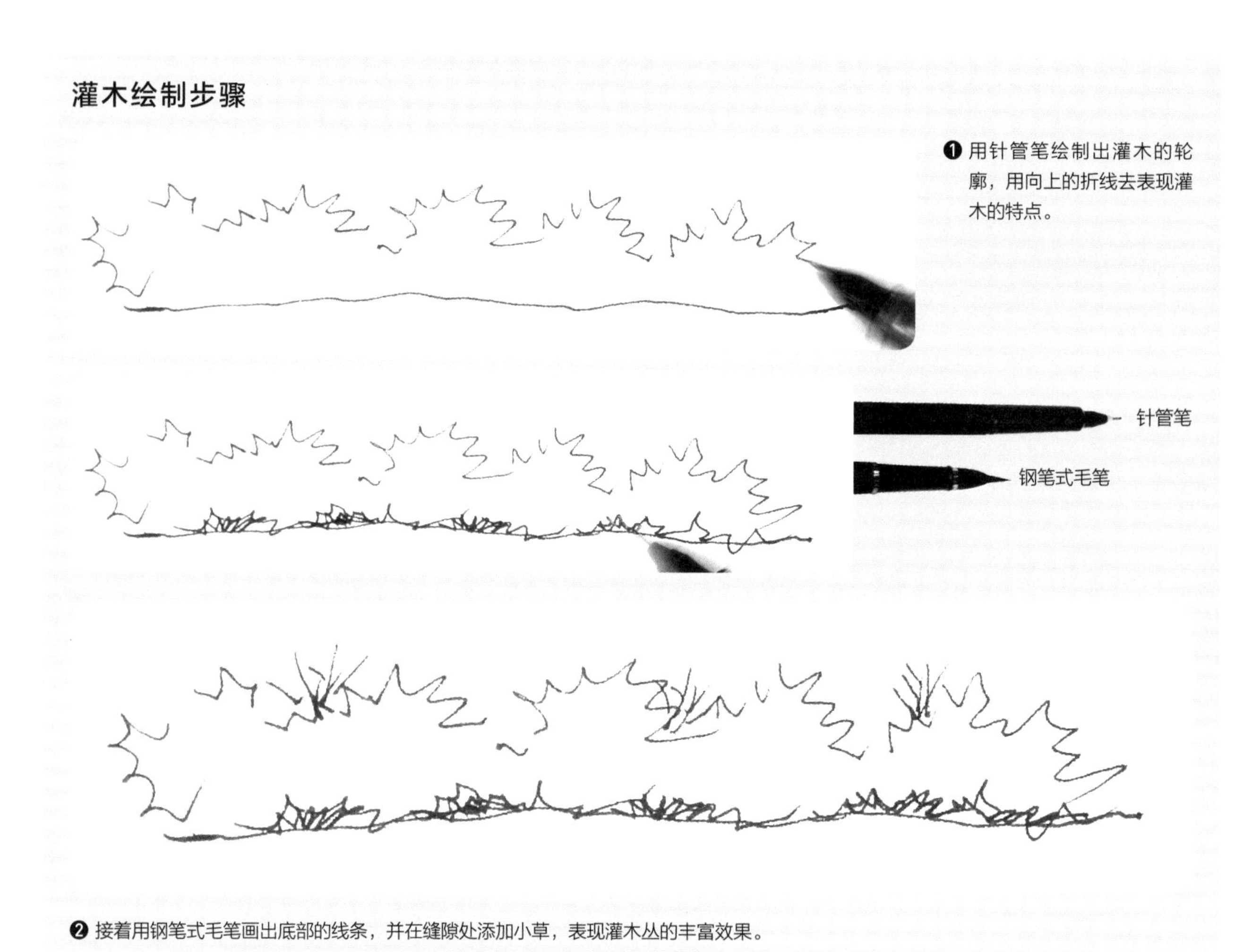

❶ 用针管笔绘制出灌木的轮廓，用向上的折线去表现灌木的特点。

❷ 接着用钢笔式毛笔画出底部的线条，并在缝隙处添加小草，表现灌木丛的丰富效果。

乔木的画法

乔木可以参照球形的明暗来绘制。

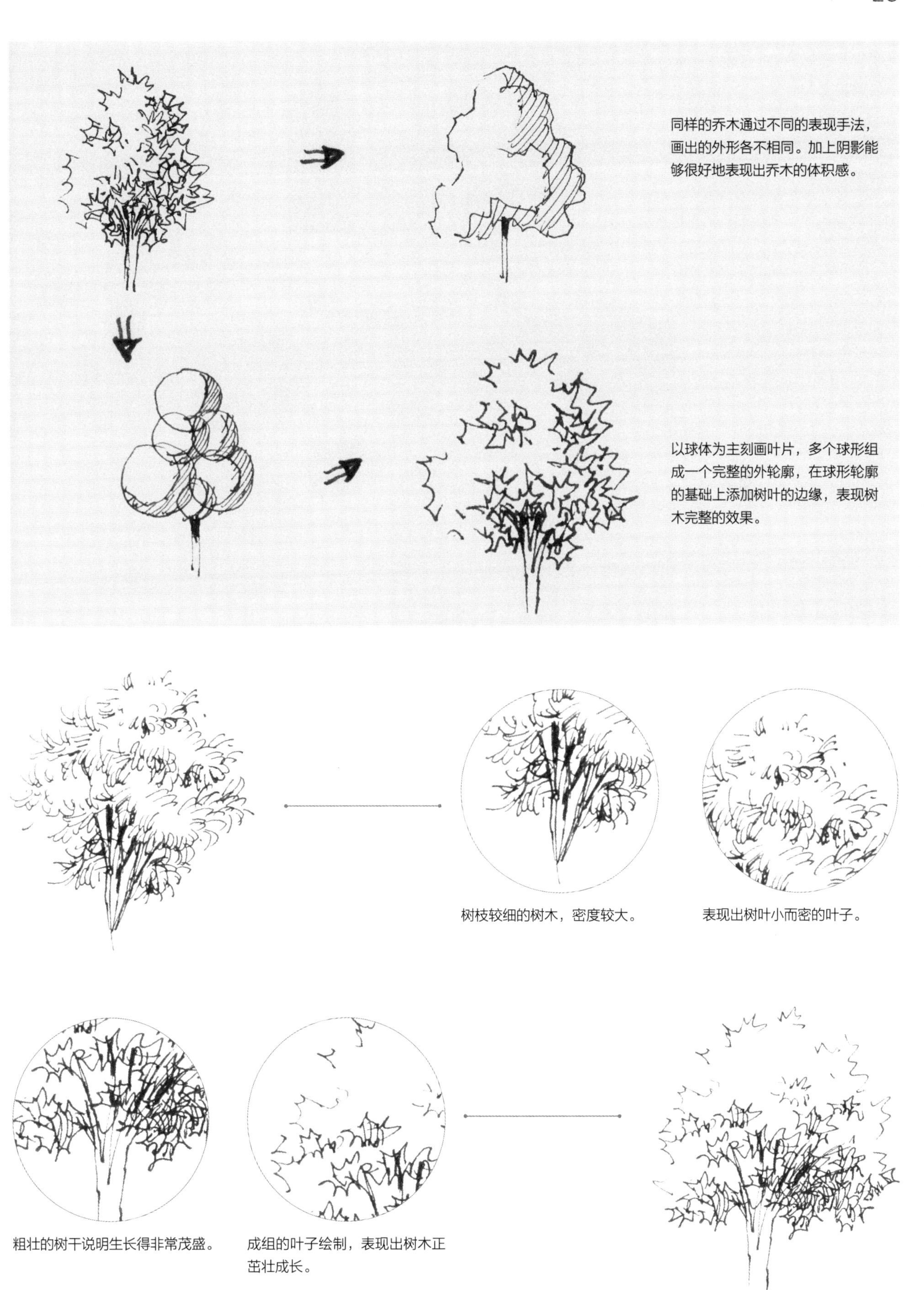
同样的乔木通过不同的表现手法，画出的外形各不相同。加上阴影能够很好地表现出乔木的体积感。
以球体为主刻画叶片，多个球形组成一个完整的外轮廓，在球形轮廓的基础上添加树叶的边缘，表现树木完整的效果。
树枝较细的树木，密度较大。
表现出树叶小而密的叶子。
粗壮的树干说明生长得非常茂盛。
成组的叶子绘制，表现出树木正茁壮成长。

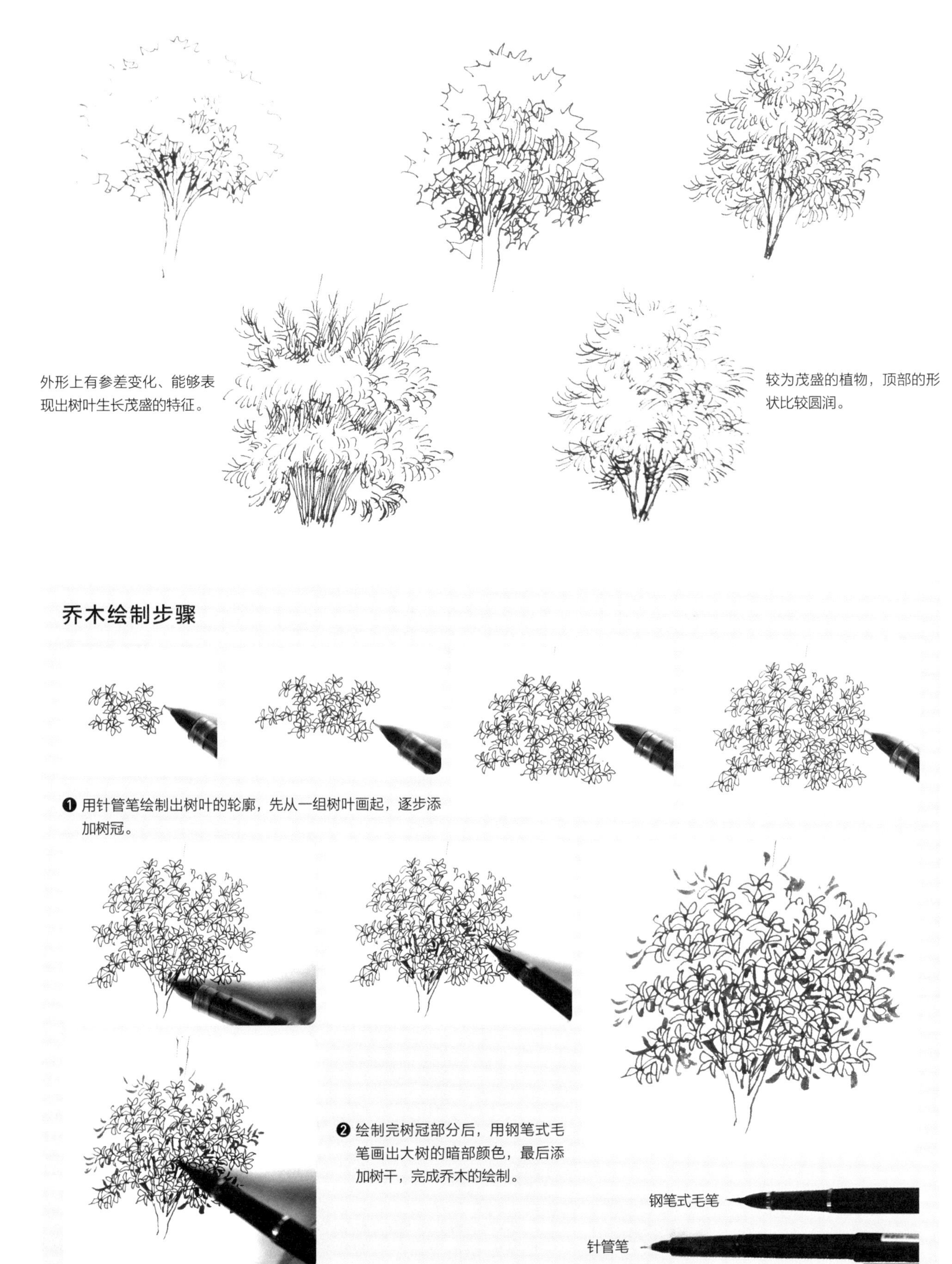

外形上有参差变化、能够表现出树叶生长茂盛的特征。

较为茂盛的植物，顶部的形状比较圆润。

乔木绘制步骤

❶ 用针管笔绘制出树叶的轮廓，先从一组树叶画起，逐步添加树冠。

❷ 绘制完树冠部分后，用钢笔式毛笔画出大树的暗部颜色，最后添加树干，完成乔木的绘制。

3.3 石材

石头的画法

石头是不规则的，绘制时先概括成一个长方体，在长方形的基础上绘制出石头的形体。然后绘制出石头的体积、质感及阴影。

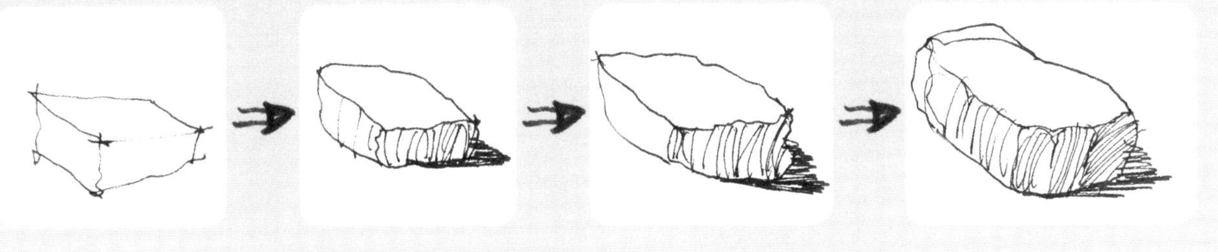

石头的组合

不同石头的外形是不相同的，同一种石头的组合效果也各不相同，绘制时其外形不能过于规整。下面将介绍常见的几种石头组合的绘制方法。

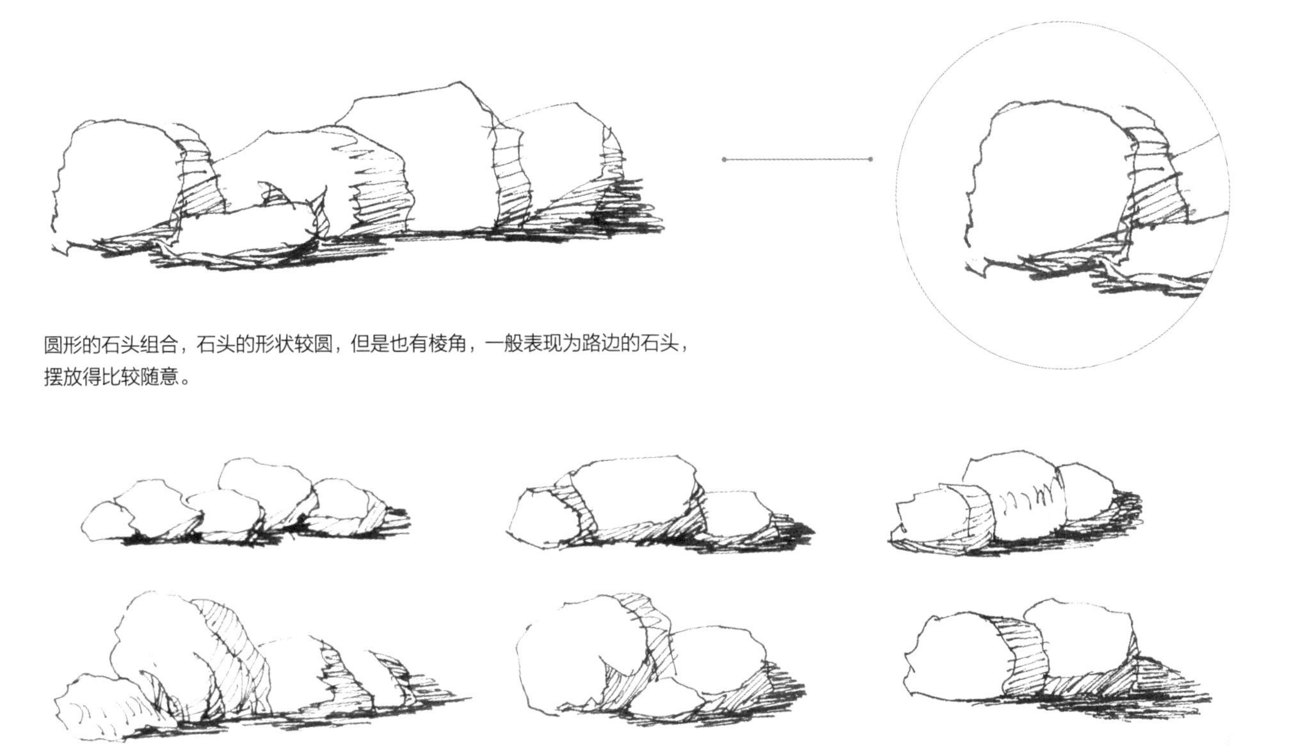

圆形的石头组合，石头的形状较圆，但是也有棱角，一般表现为路边的石头，摆放得比较随意。

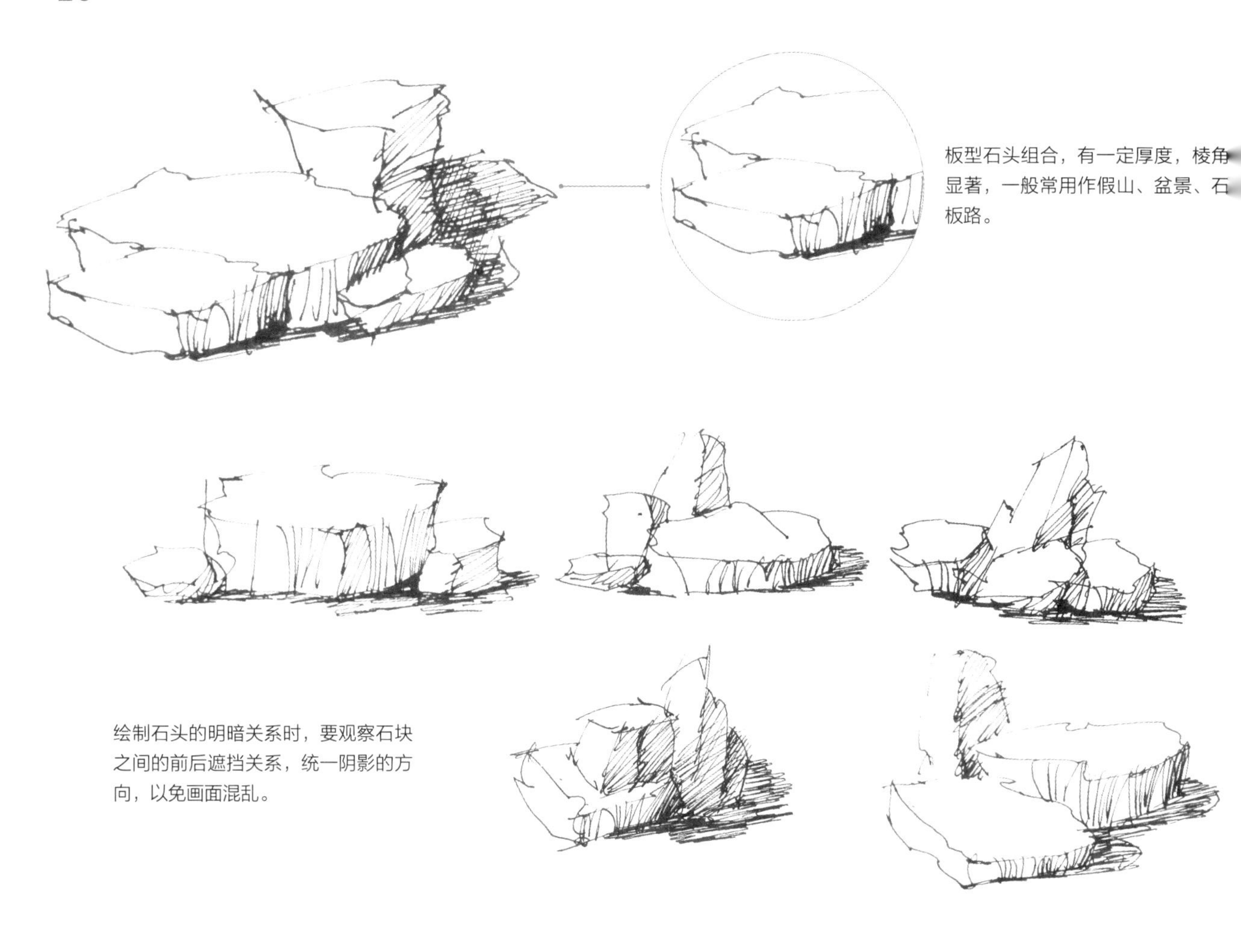

板型石头组合，有一定厚度，棱角显著，一般常用作假山、盆景、石板路。

绘制石头的明暗关系时，要观察石块之间的前后遮挡关系，统一阴影的方向，以免画面混乱。

石头和植物的组合

当石头和植物组合在一起时，会给石头带来一些生机，使画面更加有趣。

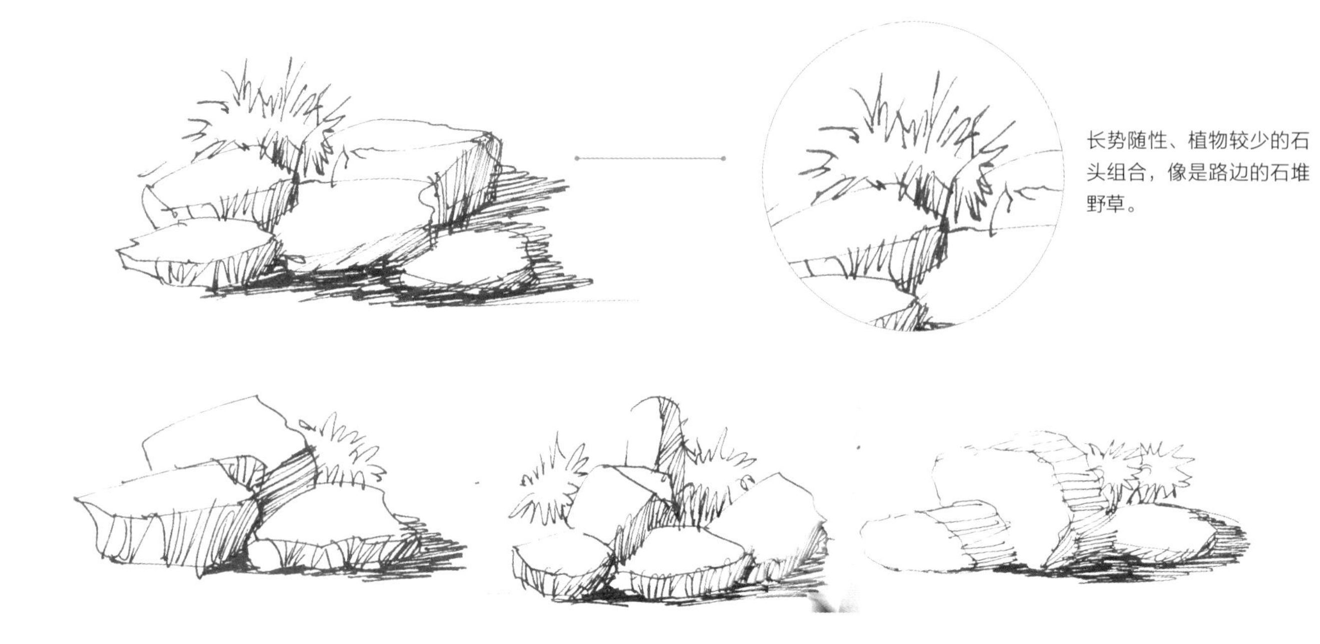

长势随性、植物较少的石头组合，像是路边的石堆野草。

植物较多的石头组合像精心打理过一样，形成别致的景观。

石头组合绘制步骤

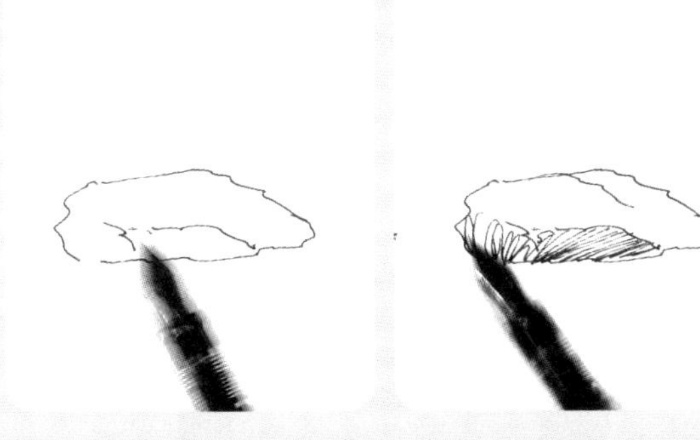

❶ 用针管笔绘制出石头的轮廓，再添加阴影，以表现其体积感。

❷ 增加石块的数量，表现出前后遮挡关系，并添加其他植物。

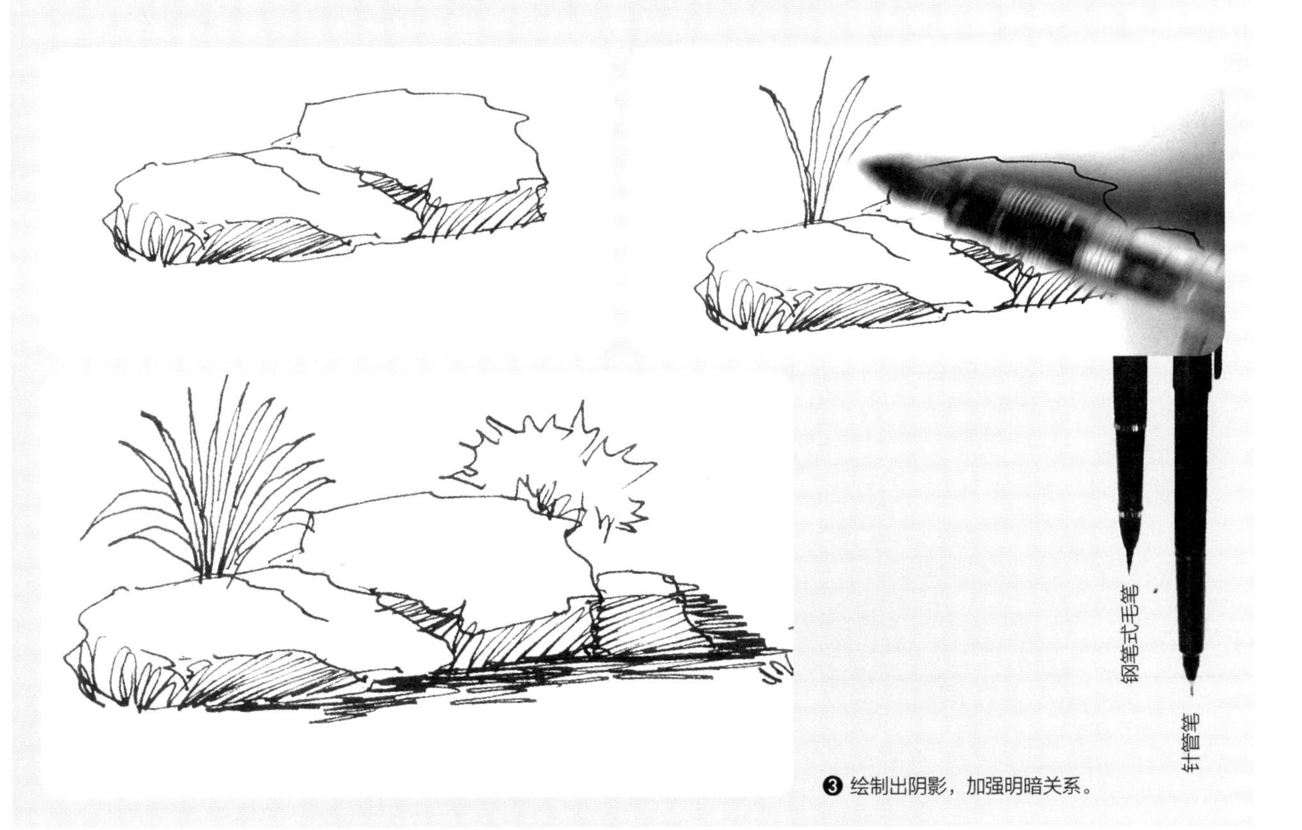

❸ 绘制出阴影，加强明暗关系。

石材的平面肌理

墙面在建筑中是非常重要的元素，有很强的肌理效果，能够表现出建筑物的风格、特征及其特定的氛围。

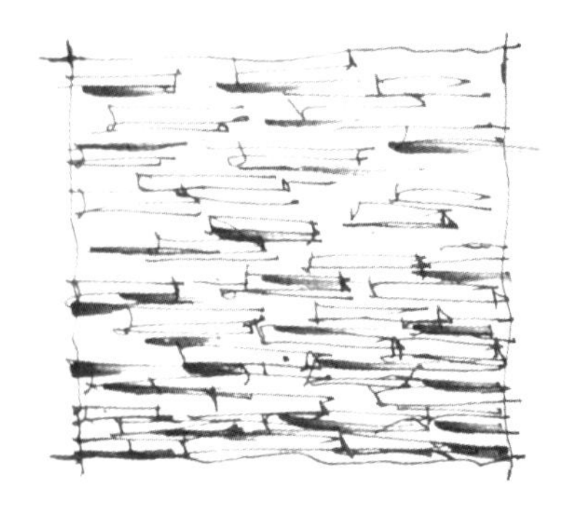

用较细的线条绘制出石板横向叠起来的效果。

稍有些厚度的石块显得画面整齐许多。

整齐的砖块可以使建筑表现出整齐的一面。

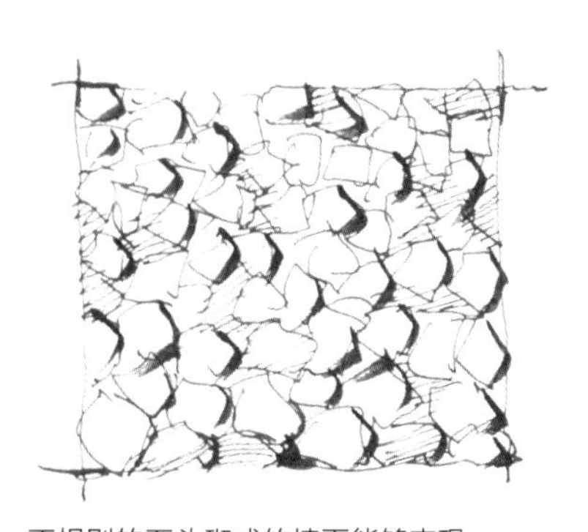

不规则的石头砌成的墙面能够表现一种朴素的效果。

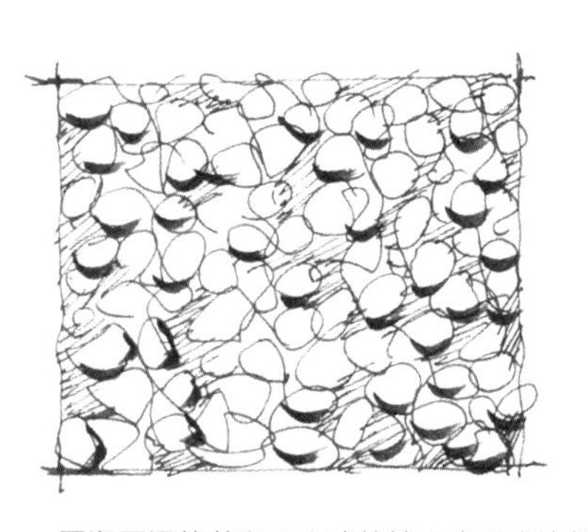

圆润平滑的鹅卵石砌成的墙面表现出比较细腻精致的效果。

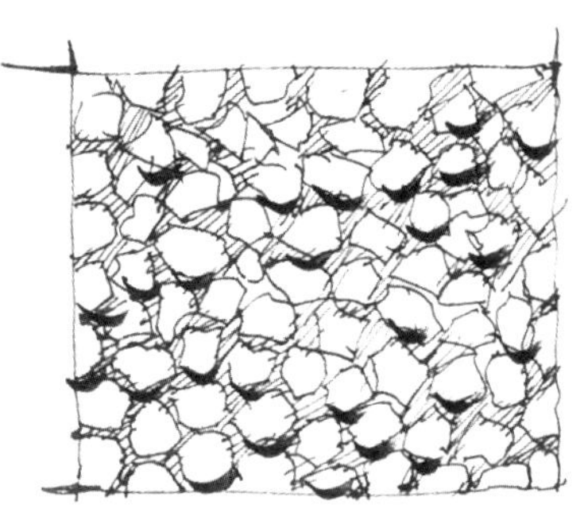

小碎石块组成的墙壁通常用来表现乡村场景。

木头质感的墙有一种贴近自然的效果。

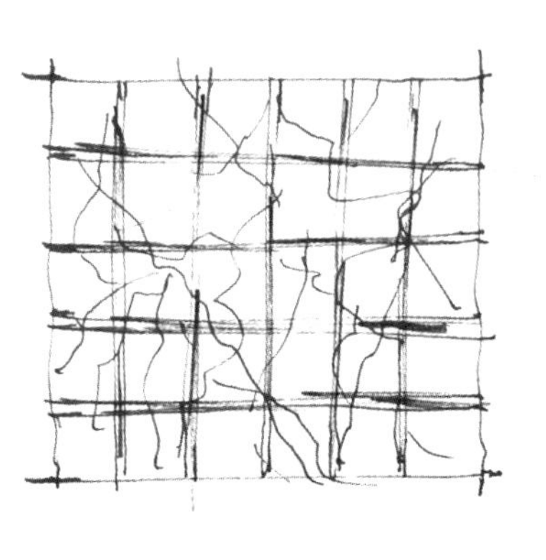

方方正正的排列表现出瓷砖墙壁的效果，比较平滑整洁。

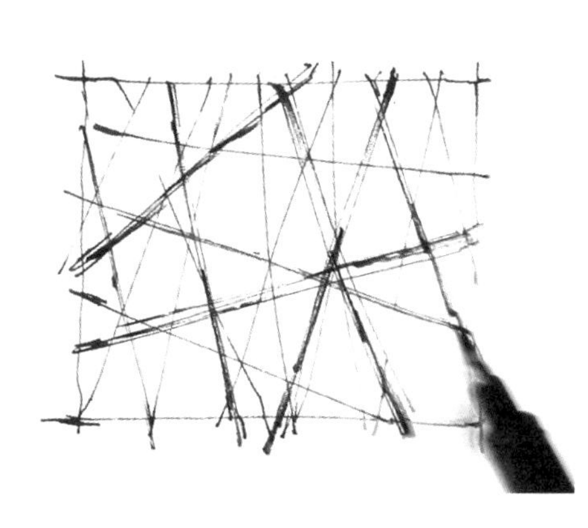

由各个方向不规则的线条组成的玻璃，有坚硬的效果。

3.4 人物

钢笔画中人物起陪衬作用，通常概括处理，表现出大体的神态和动作就可以了。

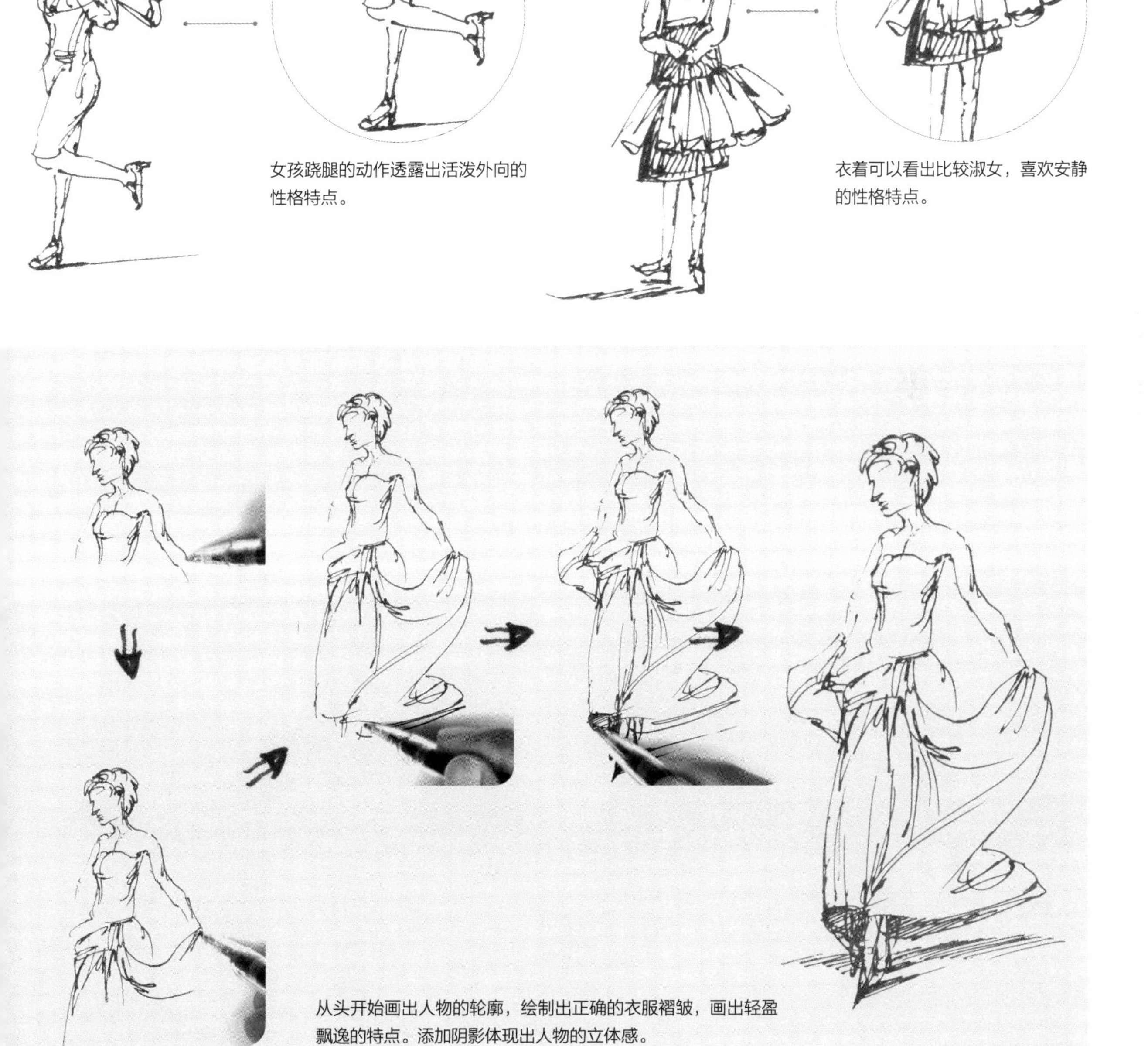

女孩跷腿的动作透露出活泼外向的性格特点。

衣着可以看出比较淑女，喜欢安静的性格特点。

从头开始画出人物的轮廓，绘制出正确的衣服褶皱，画出轻盈飘逸的特点。添加阴影体现出人物的立体感。

各个类型的人物表现

人物的脸部不是刻画的重点，所以想要区别人物的不同，就需要从衣服装饰和动作上来区别，有穿职业装的、休闲装的、校园服饰等。将人物安放在特定的场景中，能够增强画面的魅力和丰富性。

3.5 生活用具

在许多场景中，都会出现生活用具，如座椅、沙发、灯具、遮阳伞等。绘制这些生活用具时，注意要和周围的建筑风格或装修风格保持一致。如果是成套的生活用具，要绘制出它们之间的关系。

韩式风格

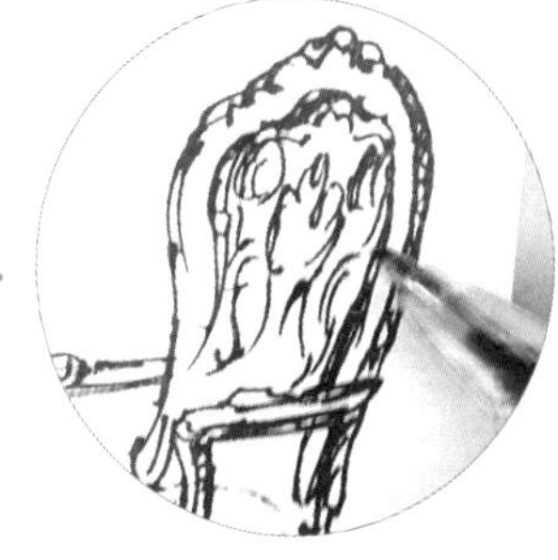

繁复的靠背是这把椅子的特点。

座椅部分简化了一些，和靠背形成对比。

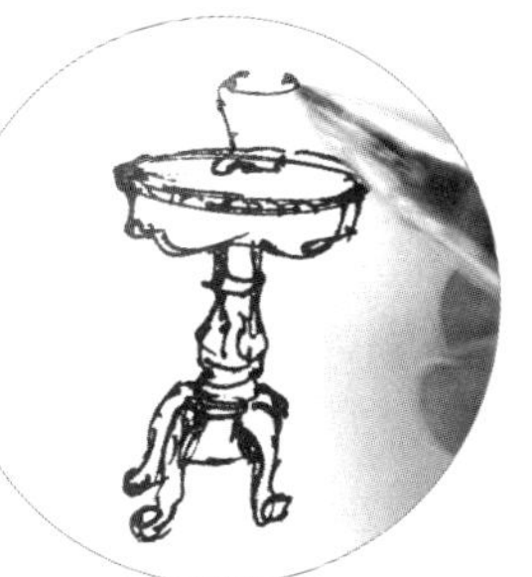

小圆桌和台灯从形状和装饰风格上都是一致的。

北 欧 风 格

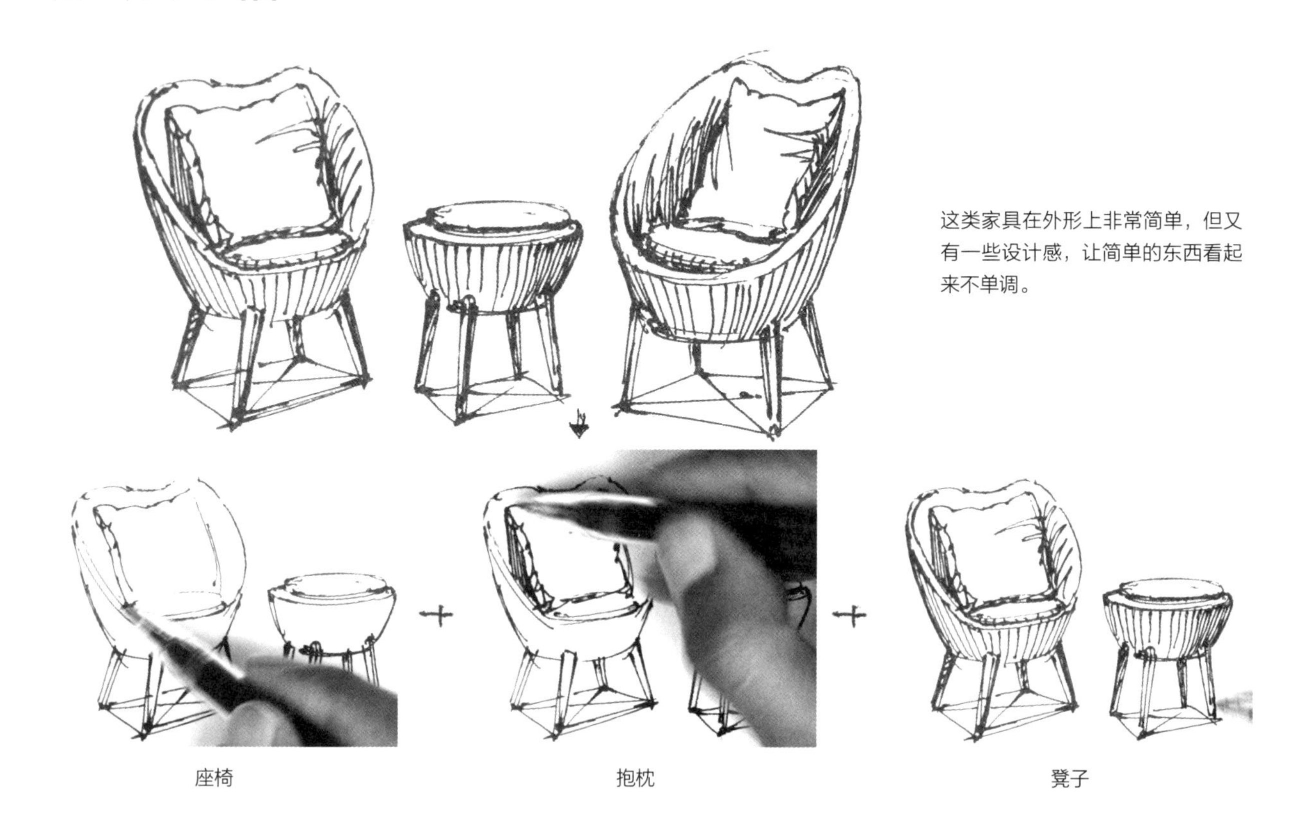

这类家具在外形上非常简单，但又有一些设计感，让简单的东西看起来不单调。

座椅　　抱枕　　凳子

欧 式 风 格

椅背上的雕花和靠背上皮质的组合是欧式家具的特点，连咖啡具这种小物品的细节也表现出欧式风格。

桌子　　椅子　　咖啡具

铁艺风格

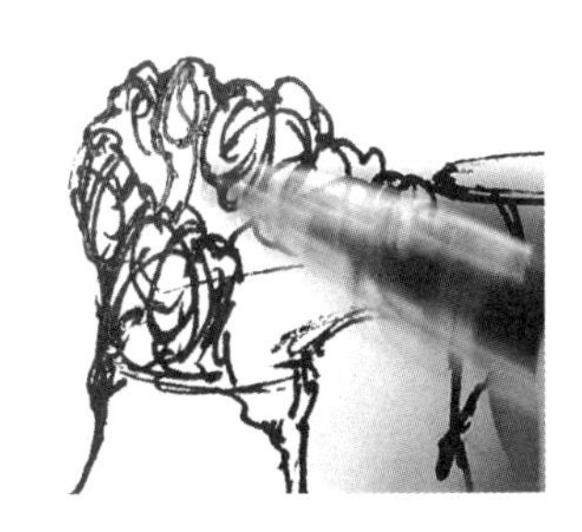

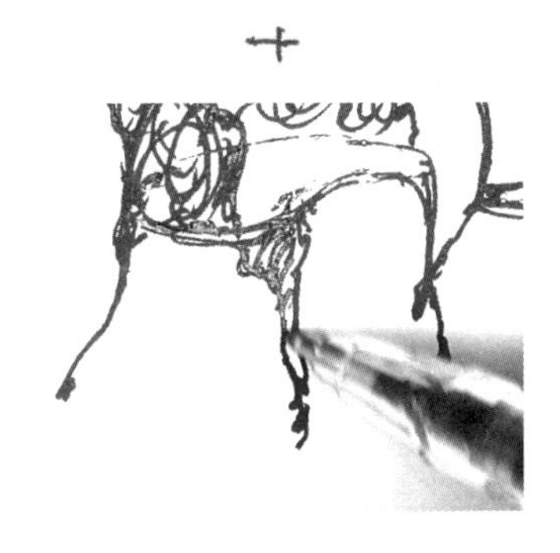

铁艺的椅子充满了浪漫温馨、雍容华贵的气息。常用于建筑外部装饰、室内装饰、环境装饰中，有着其特点鲜明的特点。

铁艺家具绘制步骤

❶ 先用针管笔绘制圆桌的轮廓，要表现出桌脚正确的透视关系。

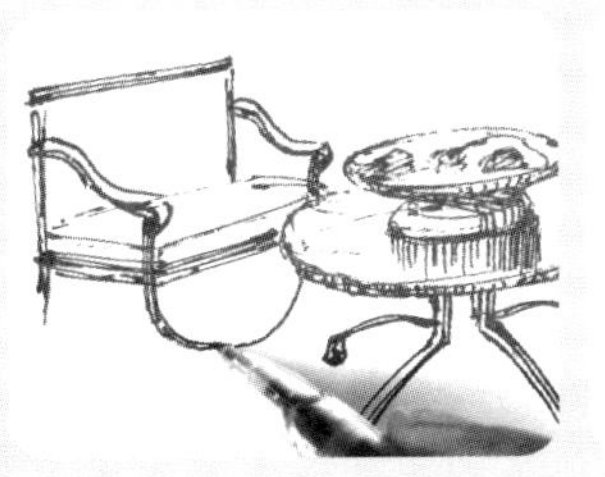

针管笔

钢笔式毛笔

❷ 接着绘制左侧的椅子，绘制明暗关系时要保持光源一致。

❸ 绘制好右侧的椅子，整体绘制阴影，线形的阴影使椅子有一定的空间感。

3.6 交通工具

交通工具在场景中是最为常见的，绘制时要保证透视关系的准确性。

绘制交通工具要注意以下两点。
1. 利用线条绘制出汽车的外轮廓。2. 利用明暗手法表现车的体积、颜色及质感。
不同的交通工具外形各不相同，同种汽车用不同绘制方法画出的效果也各不相同。

小汽车车头单薄、底盘低。

越野车的底盘高、车头大，有一定的厚重感。

大巴车

大巴车可以容纳很多人，车型较长，绘制时要表现出透视关系。

车头

车身

复古车

车头

车顶

复古车保留着老式车的外形，车头的装饰比较丰富，后面则比较简单。

车轮

跑车

车头

+

车门

跑车大多比较矮，可以降低和空气的摩擦力，外形炫酷，年轻人比较喜爱。

越野车绘制步骤

❶ 用针管笔先从车顶画起，画出越野车的外形。

针管笔

❷ 给汽车添加明暗关系，画出车底的阴影和车内的人。

3.7 简单结构建筑

图中的案例是欧式建筑，以石头材料为主的建筑在外观上比较整体，空中云朵的绘制使整个画面更生动。

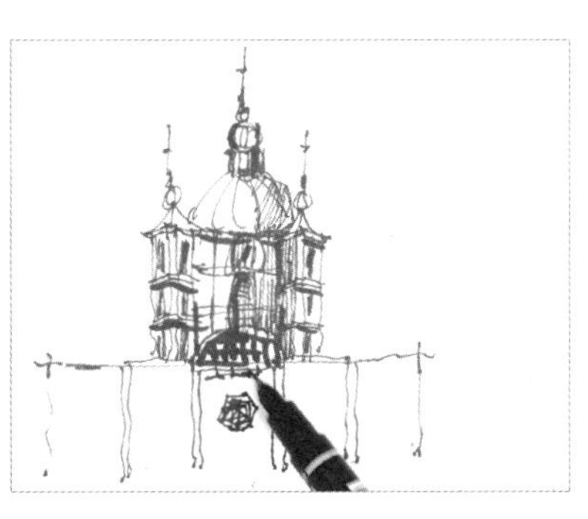

1. 先绘制出建筑物的线稿，并将明暗关系表现出来。

2. 继续画出建筑物的结构和明暗关系，表现出建筑物中的虚实变化。

3. 在左右两侧绘制建筑墙，向下表现出渐变的透视效果。

4. 在空白处绘制一些圆弧形，用疏松的线条表现明暗关系。

图中的阁楼和小屋表现出了木质的持点，不同的纹理体现了不同的木材，绘制时注意用不同的纹理来区别各自的特点。

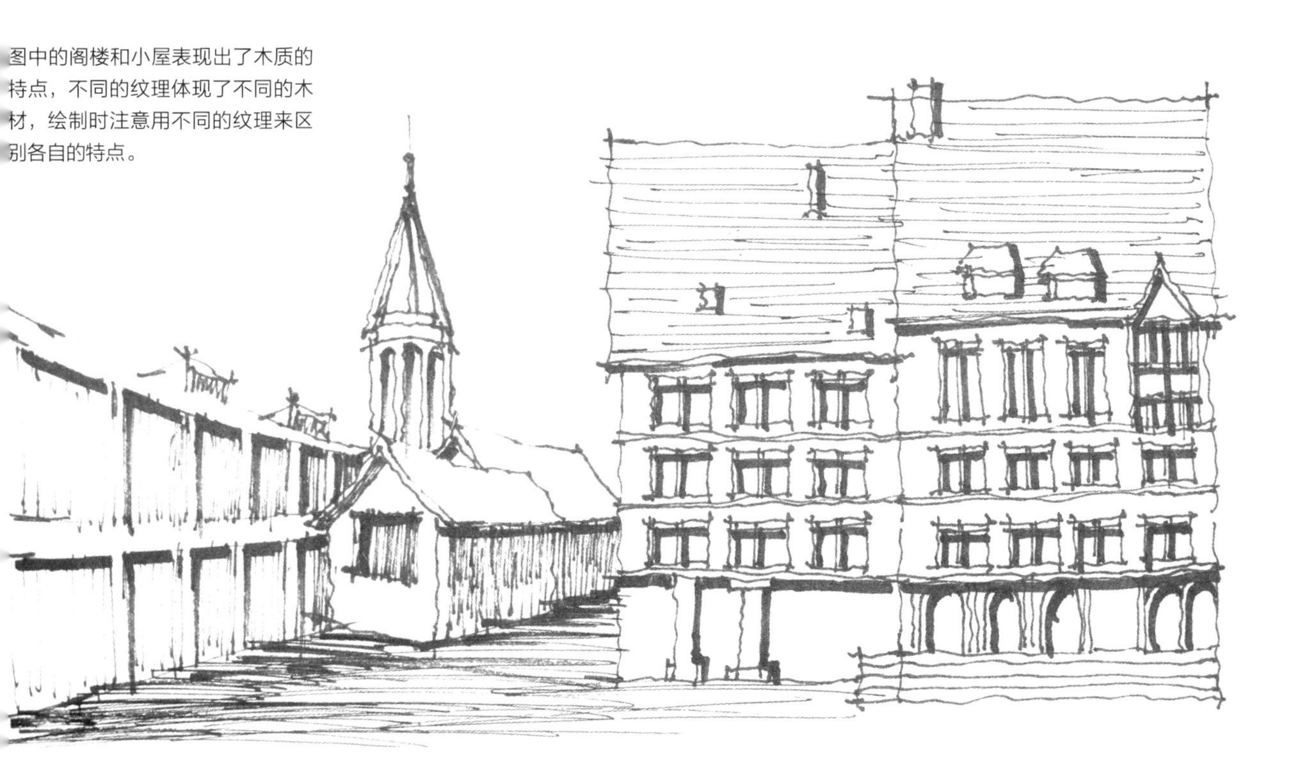

绘制步骤

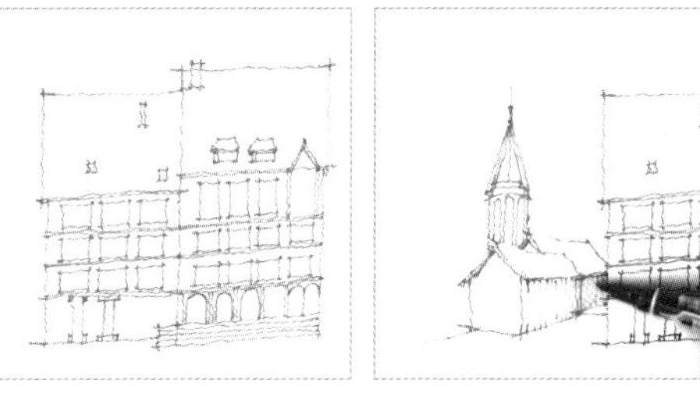

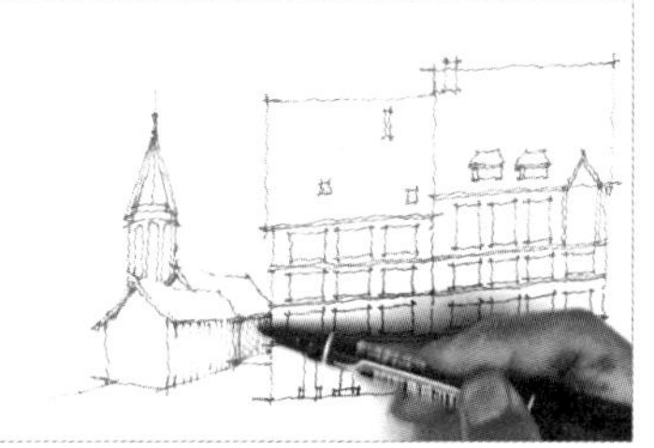

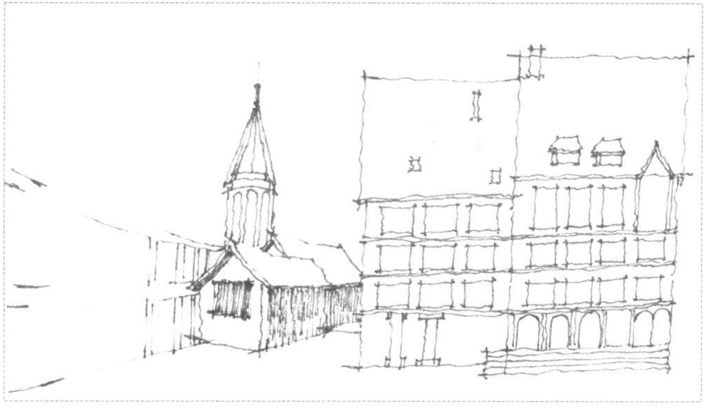

1. 先绘制出正面的阁楼，在左侧增加小屋和远处的建筑物。

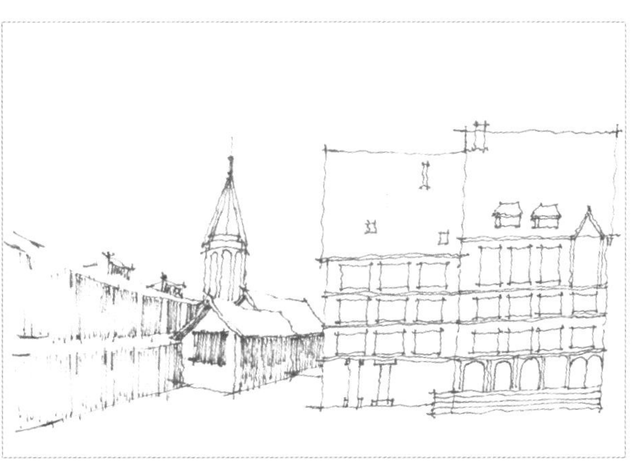

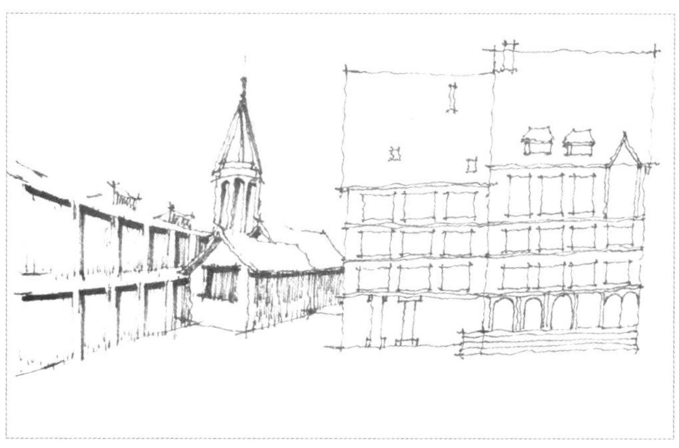

2. 给小屋和木质的墙添加阴影，表现其体积感。

3. 给阁楼画出明暗关系，表现出屋顶的纹理，在地面上添加一些细节，丰富整个画面。

第4章
CHAPTER 4

钢笔画街景一点透视及实例绘制

要将立体的物体在平面上绘制出来，一定遵循“透视”关系。透视的基本原理是“近大远小”。同样大小的物体，空间不同，所呈现出来的大小也不同。

4.1 一点透视原理

一点透视就是物体与画面间相对位置的变化，导致它的长、宽、高的轮廓线中所有横向的线条与画面平行，所有竖向的线条与画纸垂直。这样的透视称为一点透视。

一点透视的原理是水平线上的立方体，正面的四边与画纸的四边平行。它可以位于视线的上方，也可以位于视线的下方，也可以位于视线的中心。一点透视在画面中有一个消失点，在绘制建筑物时要遵循横平竖直规律。

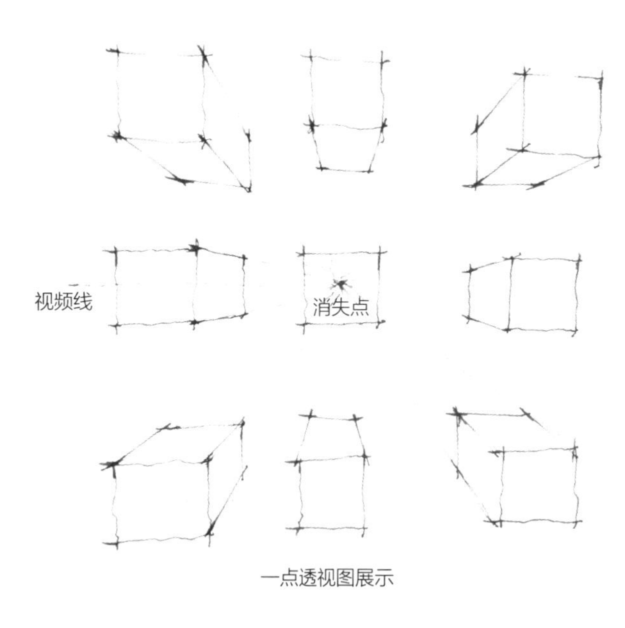

一点透视图展示

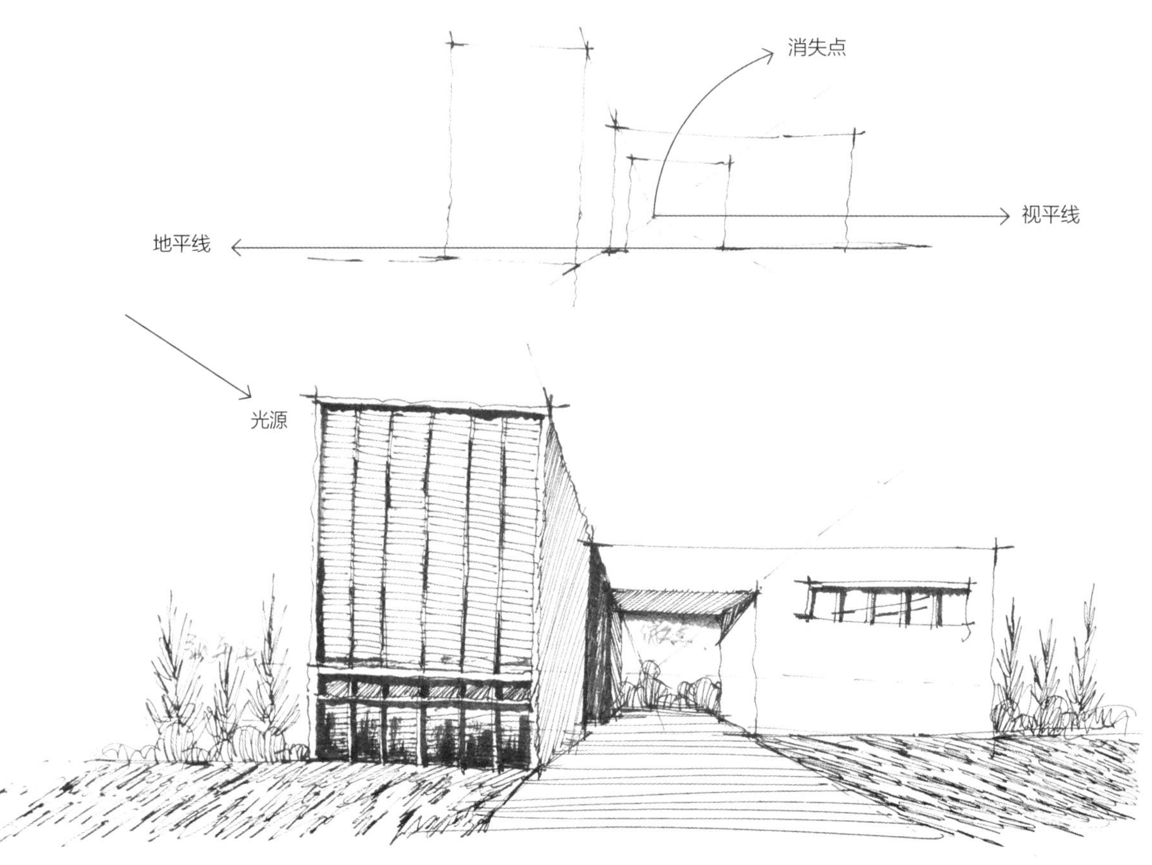

一点透视应用案例绘制步骤

❶ 用钢笔绘制出建筑物的形态，画出消失点、视平线和地平线的位置。

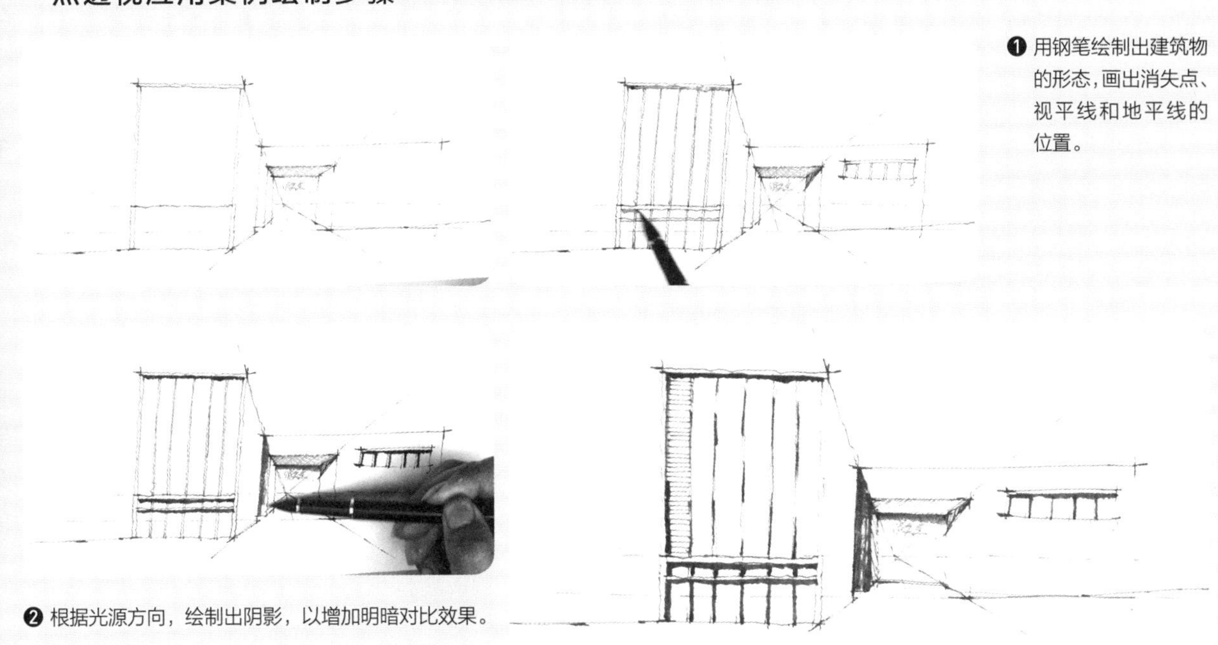

❷ 根据光源方向，绘制出阴影，以增加明暗对比效果。

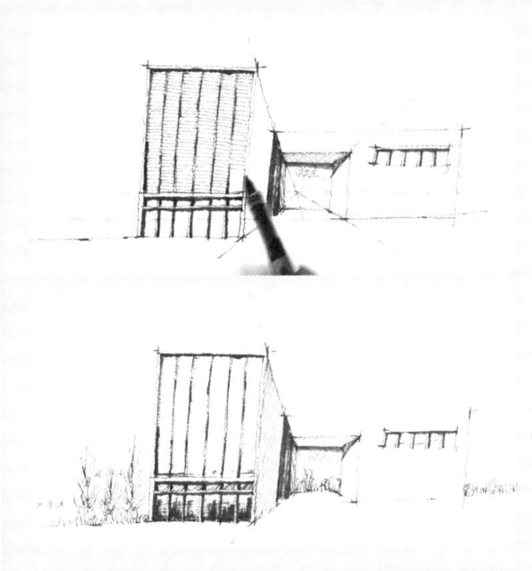

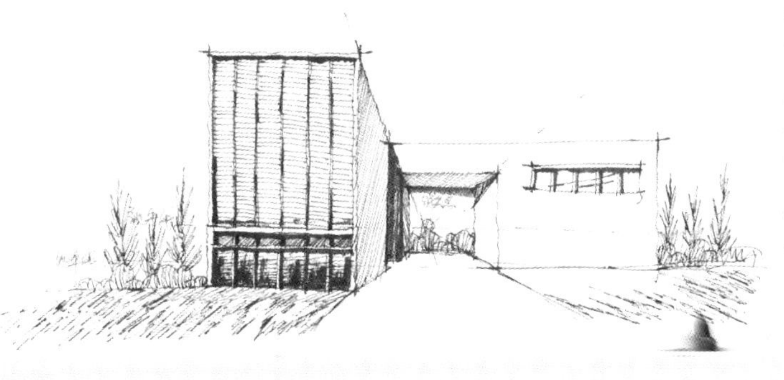

❸ 接着绘制建筑物的结构和明暗关系，并在两侧添加植物和草地，丰富画面。

❹ 继续丰富画面内容，表现出一点透视前实后虚的规律。

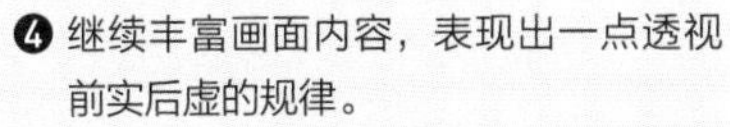

4.2 实例绘制

砵甸乍街

一点透视的角度去绘制一条繁华的步行街，两侧的高楼视觉效果非常强烈。

线稿

消失点

视平线

一点透视

1. 先绘制线稿，绘制线稿时用自动铅笔起稿，下笔要轻，以免后期擦除对纸面造成影响。

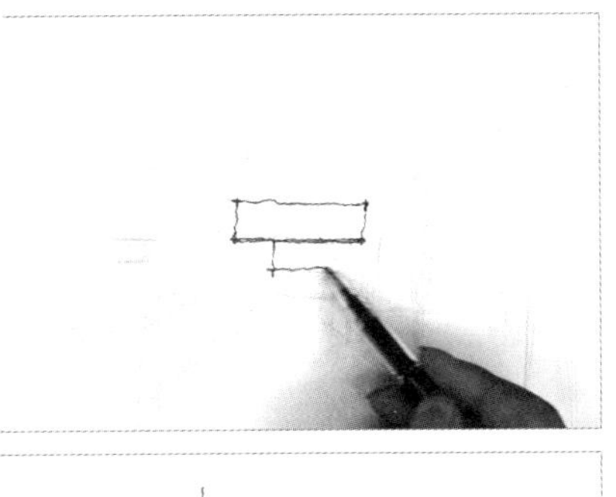

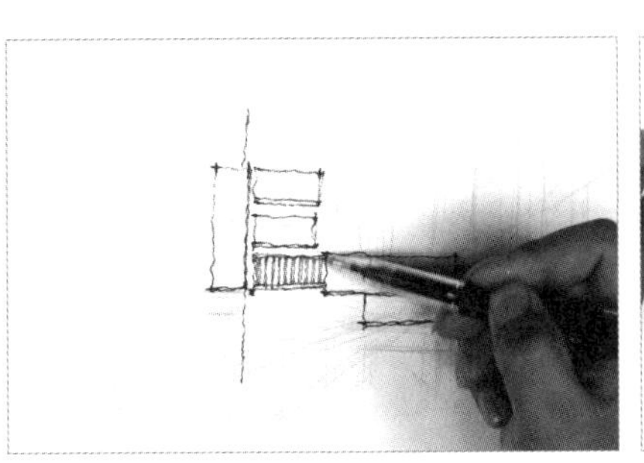

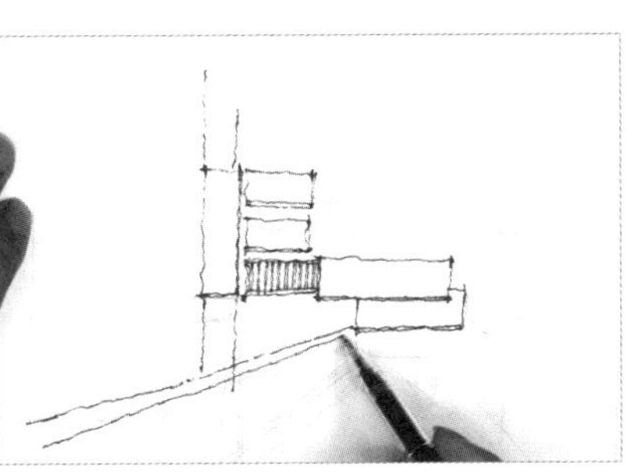

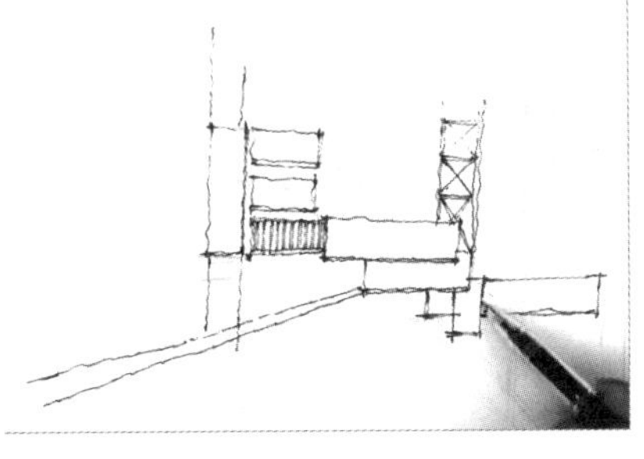

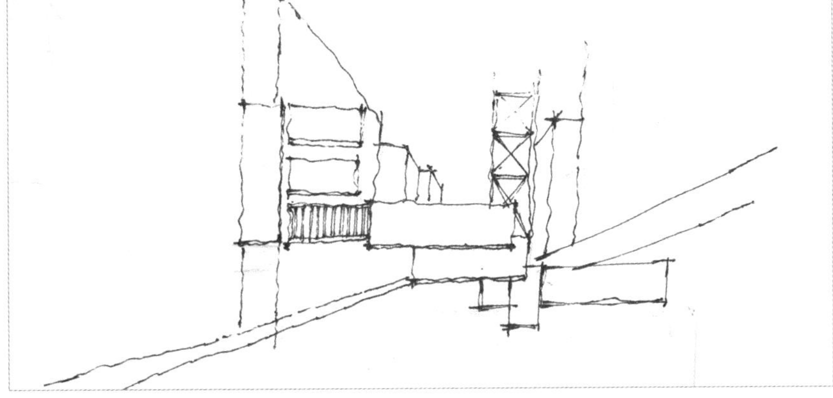

2. 用钢笔沿着线稿的痕迹由中间到两侧绘制画面中的建筑物。

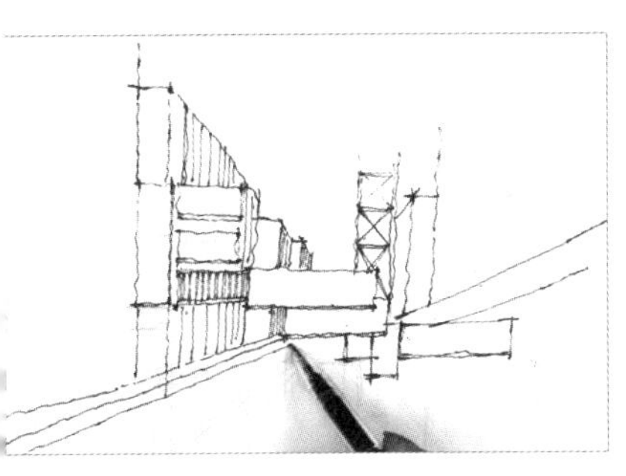

3. 绘制好两侧的建筑物后，在中间的街道上添加人物，表现熙熙攘攘的场面。

4. 画出建筑物楼层与窗户的结构分割线条，表现出建筑物的层次感。

5.

接着画出画面中的暗部，表现出强烈的光感效果。

绘制人物时要注意比例的掌握，人物很小时会和高大的建筑形成对比，人物较大时则会显得楼很矮，就没有了高大壮观的效果。

完成

花样年华

本案例的透视为一点透视，两侧的建筑有向后延伸的效果，表现出街道的长度。

绘制步骤

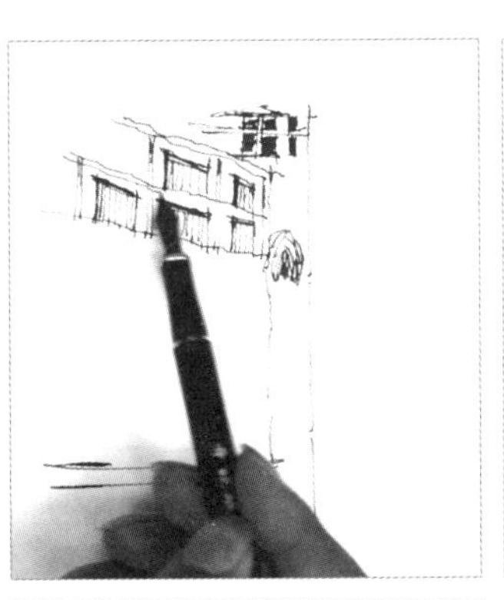

1. 先绘制出左侧的建筑物，并适当加些暗部区别简单的明暗效果。

直接用钢笔画底稿，要求绘画者对画面整体非常了解，如大致的构图、建筑物的角度、透视关系等。

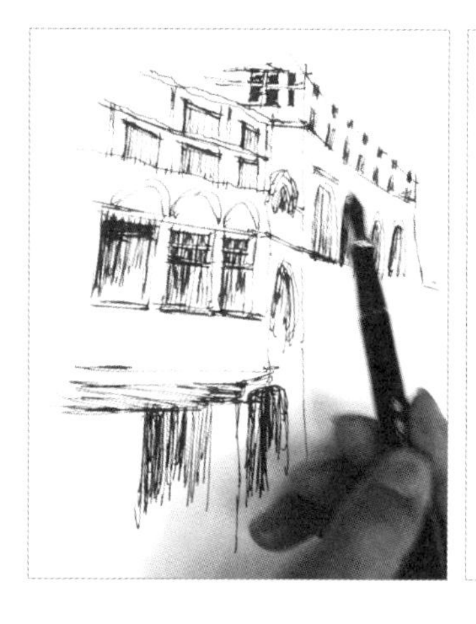

2. 继续绘制出左侧建筑物的线稿，用细密的线条绘制出每个部分的细节。

3. 加强建筑物的明暗对比，并向后延伸画出消失点处的形体。

4. 绘制右侧的建筑物和明暗关系，完成画面的绘制。

远处的建筑物和近处形成鲜明的虚实对比，表现出近实远虚的透视规律。

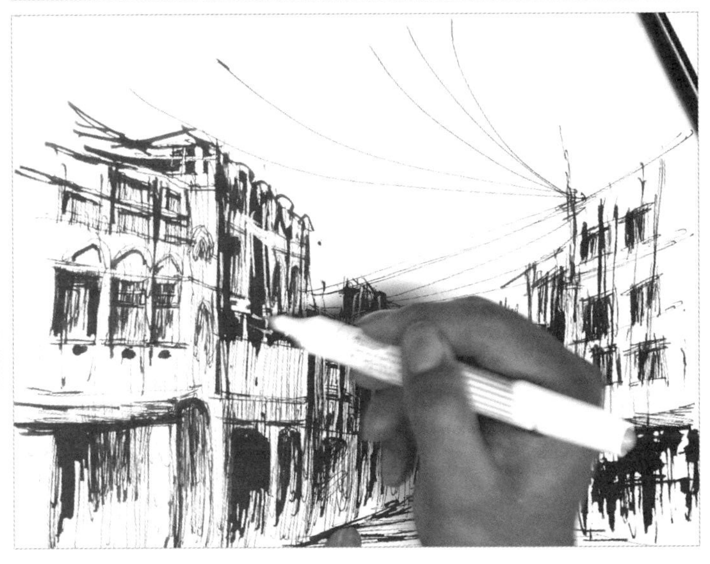

5. 用钢笔加深建筑物，在高光部位可以用高光笔适当提亮，在墨色重的地方可以用高光笔减弱色调。

完成

歌赋街

图中两道拱形门的变化，反映了一点透视的视觉效果，画面中的花卉和植物带来了许多大自然的气息。

绘制步骤

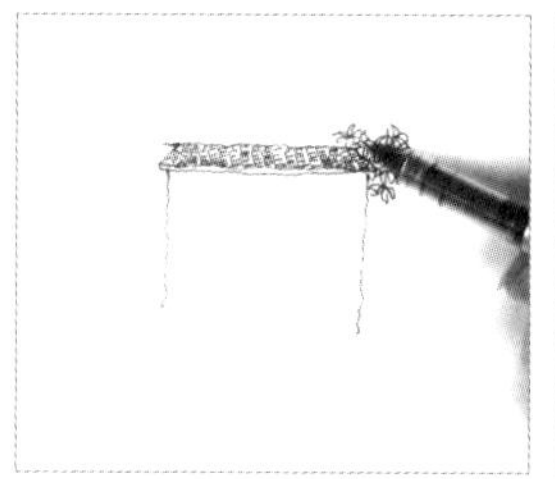

1. 先绘制中心的建筑物的拱形门，并向后延伸表现出消失点的位置，接着加深暗部的刻画，表现出立体感。

2. 在拱形门的右侧绘制出墙面和上面的植物，在墙角画几个盆栽。

3.

在右侧加入更多的元素，丰富整个墙面。

4. 继续绘制左侧的建筑物，并表现出渐变的明暗关系。

完成

意斋苏豪

两侧的建筑物向中间的消失点靠拢，表现出一点透视的特征，车辆和人群的绘制使整个街景生动起来。

线稿

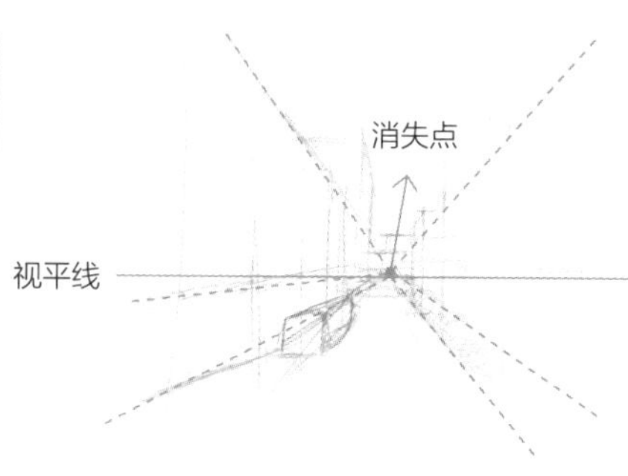

1. 先用铅笔绘制出大致的轮廓线稿，体现出建筑物和车辆的布局。

绘制步骤

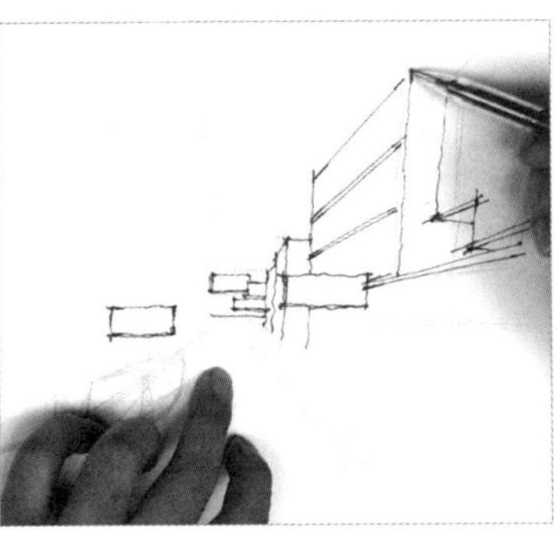

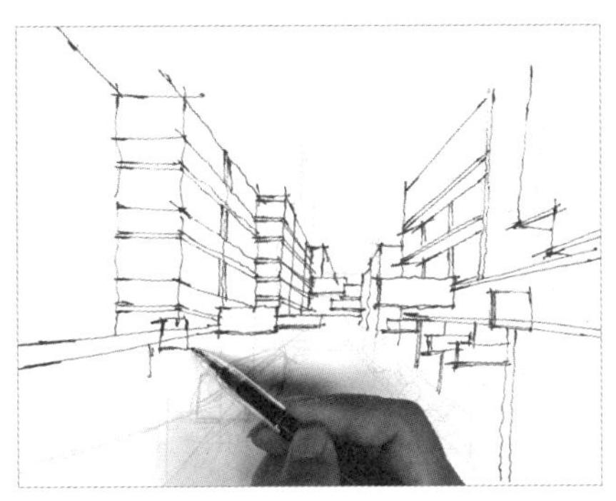

2. 以消失点为中心，在两侧绘制出楼房，以及广告牌和指示牌，画出车辆在路上的位置。

3. 给建筑物绘制阴影，表现出体积感，并通过拥挤的人群来衬托繁华的街景。

完成

摩登异域

图中的建筑物、街道、车辆全部以一点透视的效果来呈现，画面效果非常有冲击力。

绘制步骤

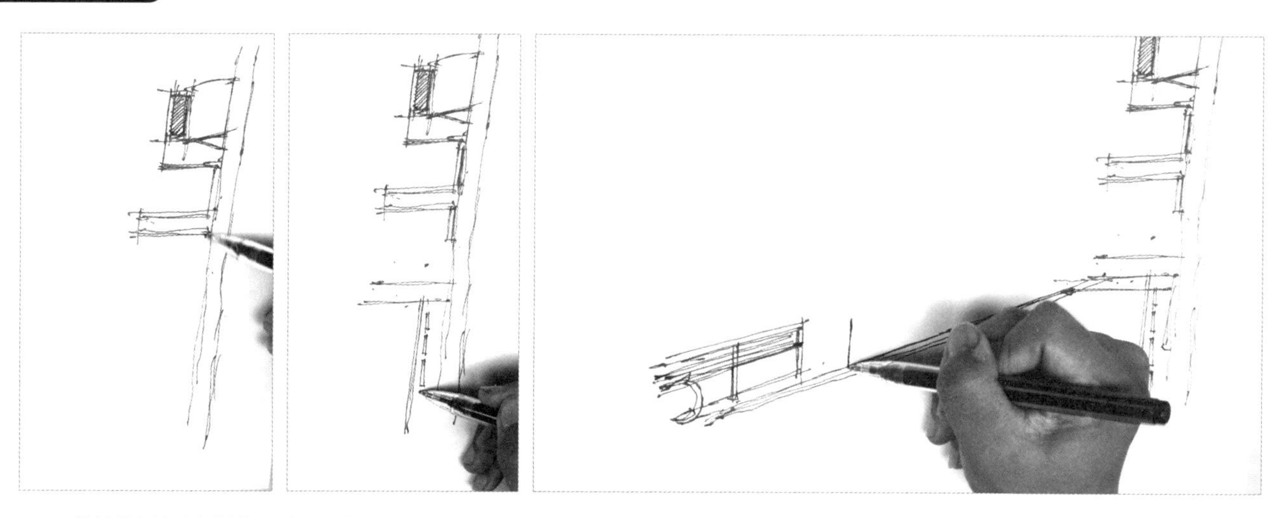

1. 简单绘制出右侧的指示牌，再绘制路面的栏杆，区别开平面和立面。

2. 画出车辆和路灯。

3. 接着绘制出左侧的建筑物，并绘制出明暗效果。

继续绘制后方的建筑物，表现出一点透视的规律。

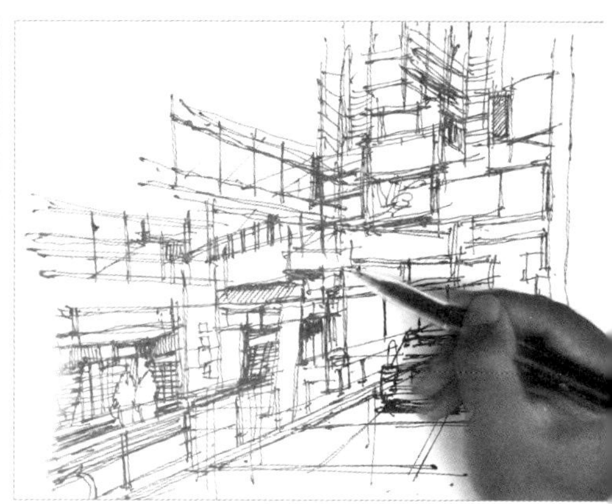

完成

青意相随

图中有一段非常平整的路，随着视觉点的上移，表现出了路面有一定的坡度。

绘制步骤

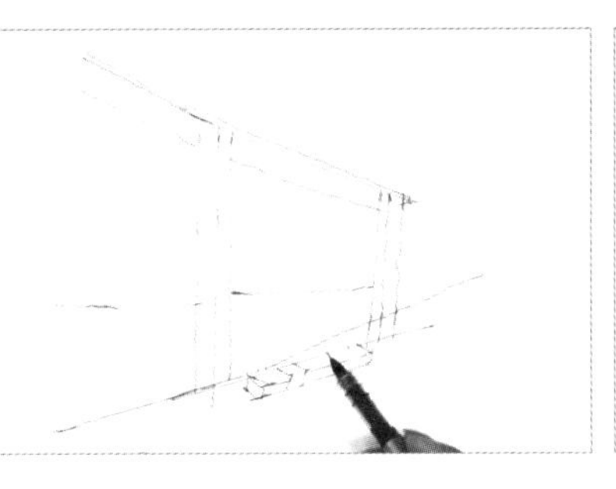

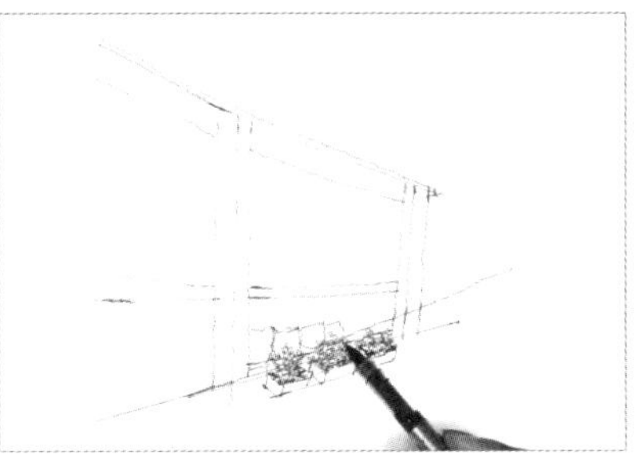

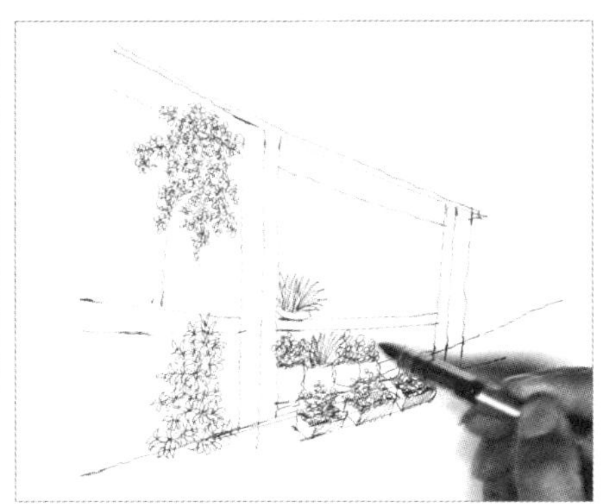

1. 先绘制出左侧房屋的线稿，再添加植物，表现出有人居住的气息。

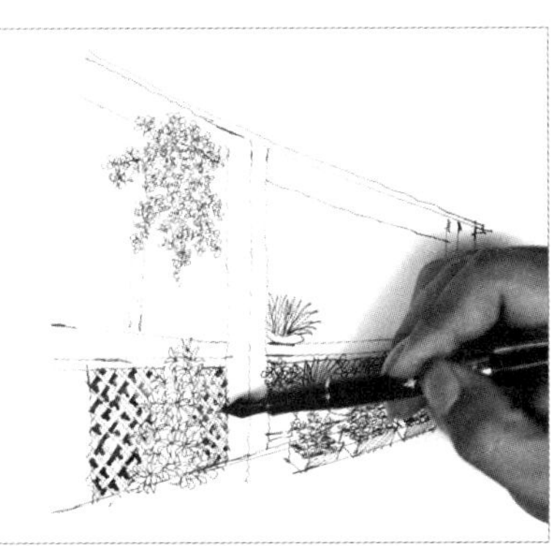

2. 以稍粗的墨线绘制出暗部，用交叉的线条表现出菱形的栅栏。画出树木的外形及周围场景的轮廓。

3. 接着向后绘制远处的建筑物，并画出植物的形体，表现出前后关系。

地上的花盆使路面的线条有一些变化，表现出一些生动性。

4. 用不同的线条表现路面的质感，绘制出阴影，加强明暗对比。

完成

闲情小筑

图中有一条有弧度的小路，消失点被建筑物所遮挡，只能看见右侧的画面。

绘制步骤

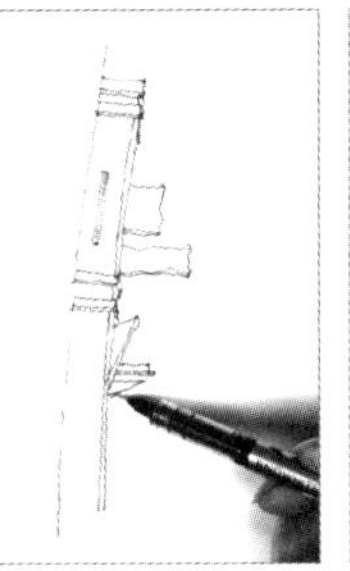

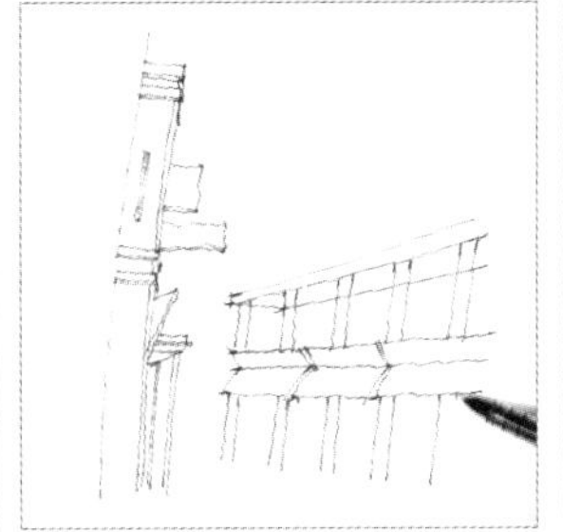

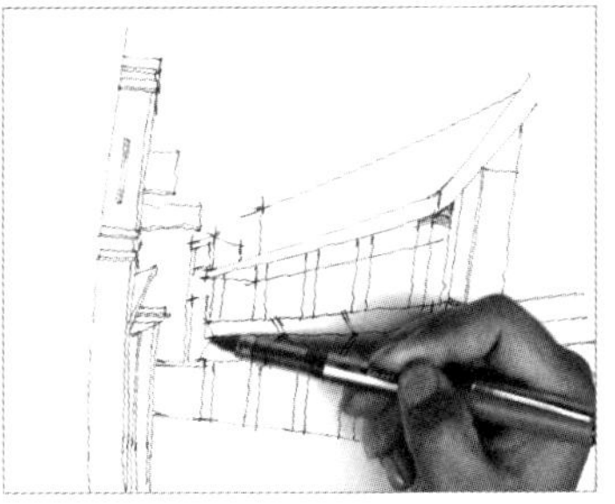

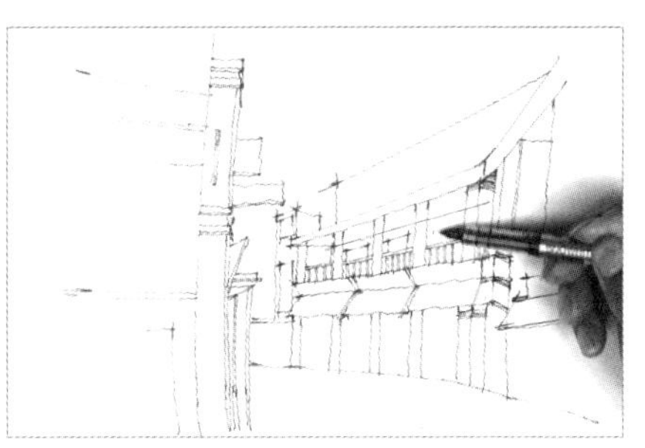

1. 用简单的线条绘制出左侧的建筑物，再绘制出右侧的建筑物及其结构。

2. 用针管笔以排线的方式表现出明暗效果。

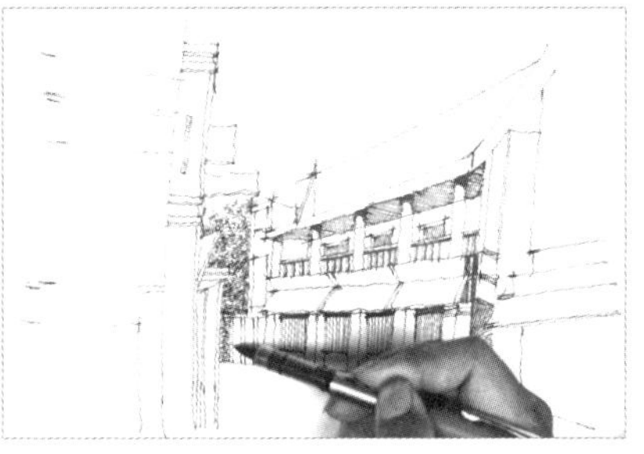

3. 接着在远处添加一些植物，丰富画面内容。

暗色调可以表现树叶的茂密，与前方的房屋形成对比。

完成

第5章
CHAPTER 5

钢笔画街景两点透视及实例绘制

两点透视是指视平线上有两个消失点，仅有一条垂线与画面平行，另外两组水平线均与画面相交。

5.1 两点透视原理

物体仅有垂线与画面平行，而另外两组水平的线均与画面相交，于是在画面上形成了两个消失点，这两个消失点都在视平线上，这样形成的透视图称为两点透视。

一点透视只有一个消失点，两点透视有两个消失点。

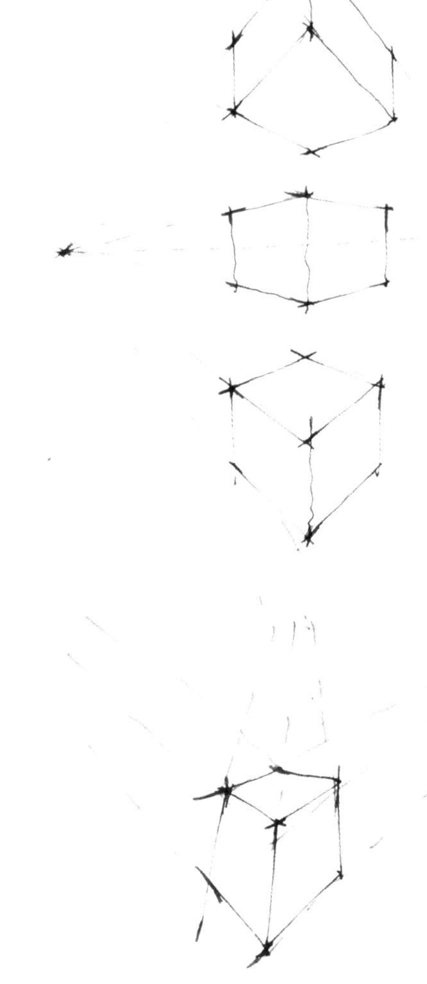

体块原理

先用简单的立方体确定好大致透视关系，然后再绘制细节，这样会简单许多。

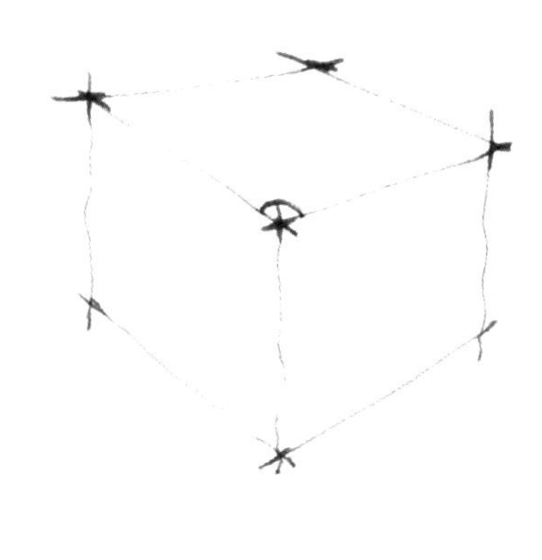

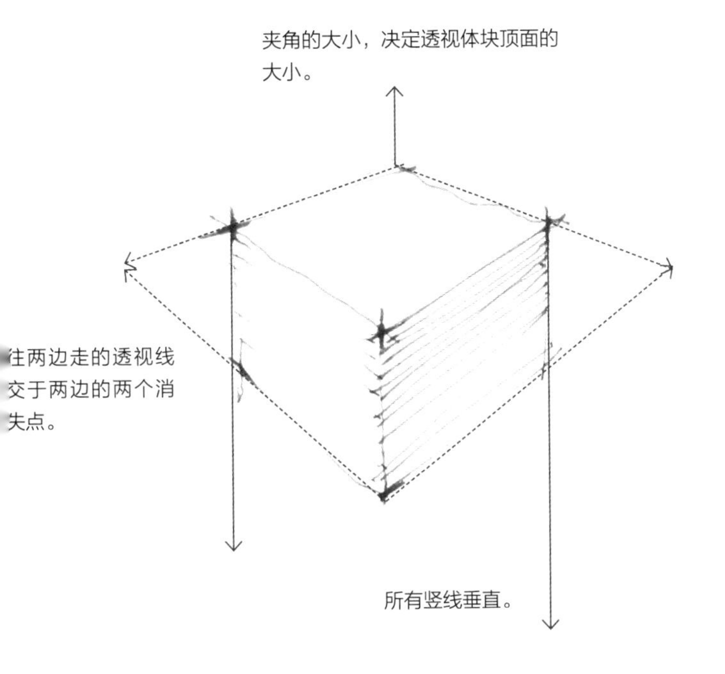

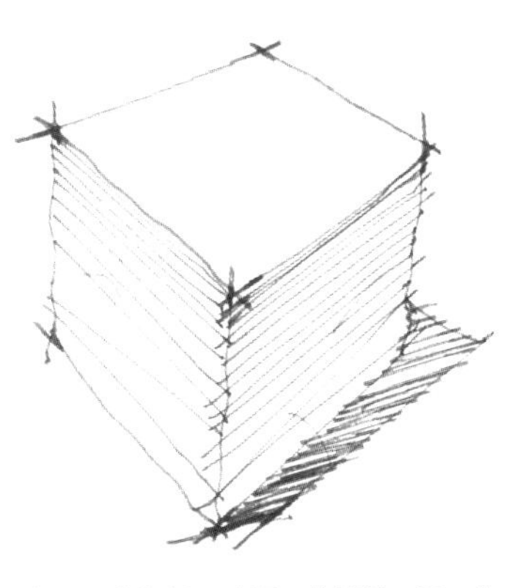

一个平面中包括 3 大面，分别是：黑、白、灰；
5 个调子分别是：亮面、灰面、暗面、投影、反光。

明暗体块与线条排列

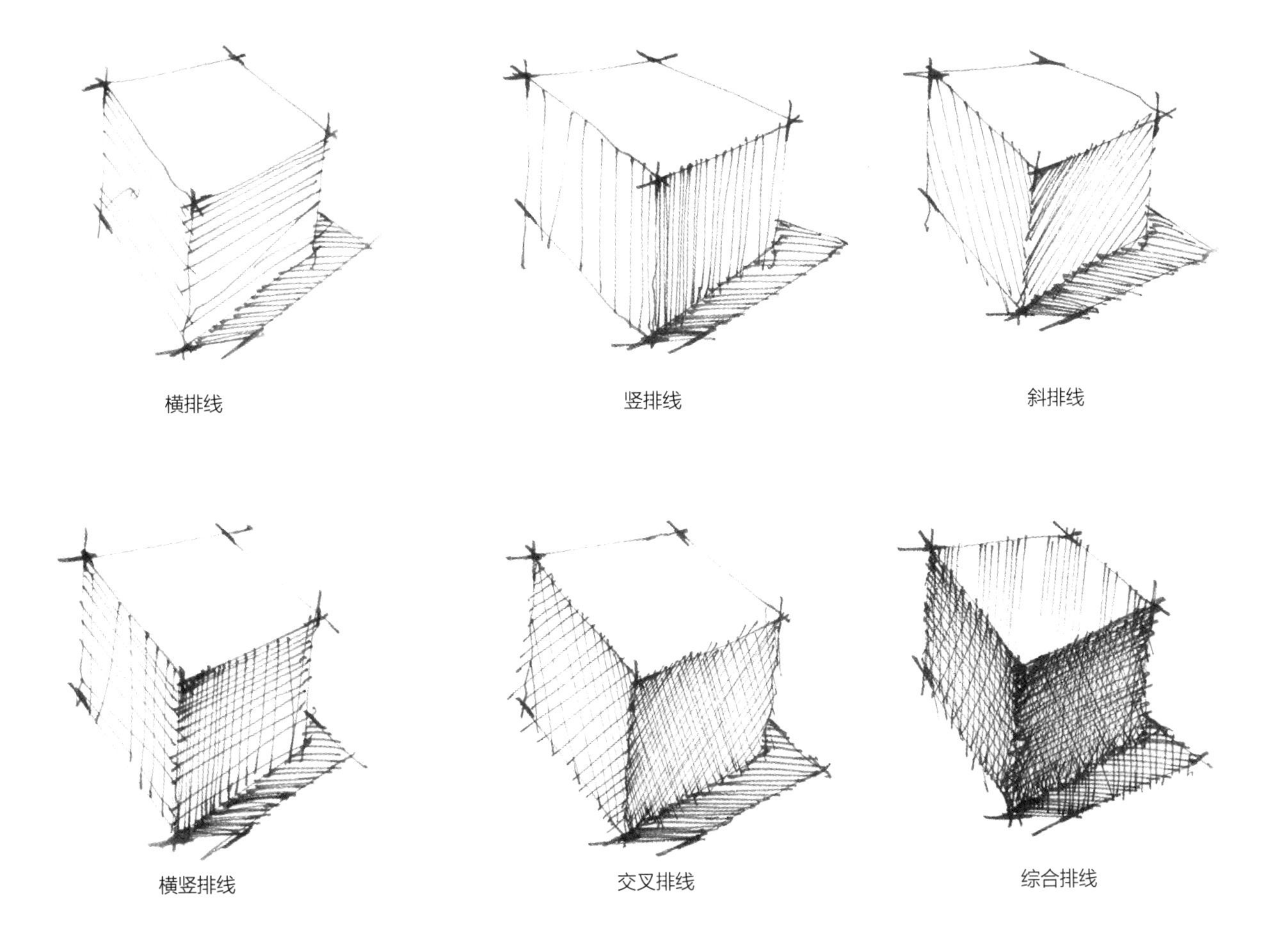

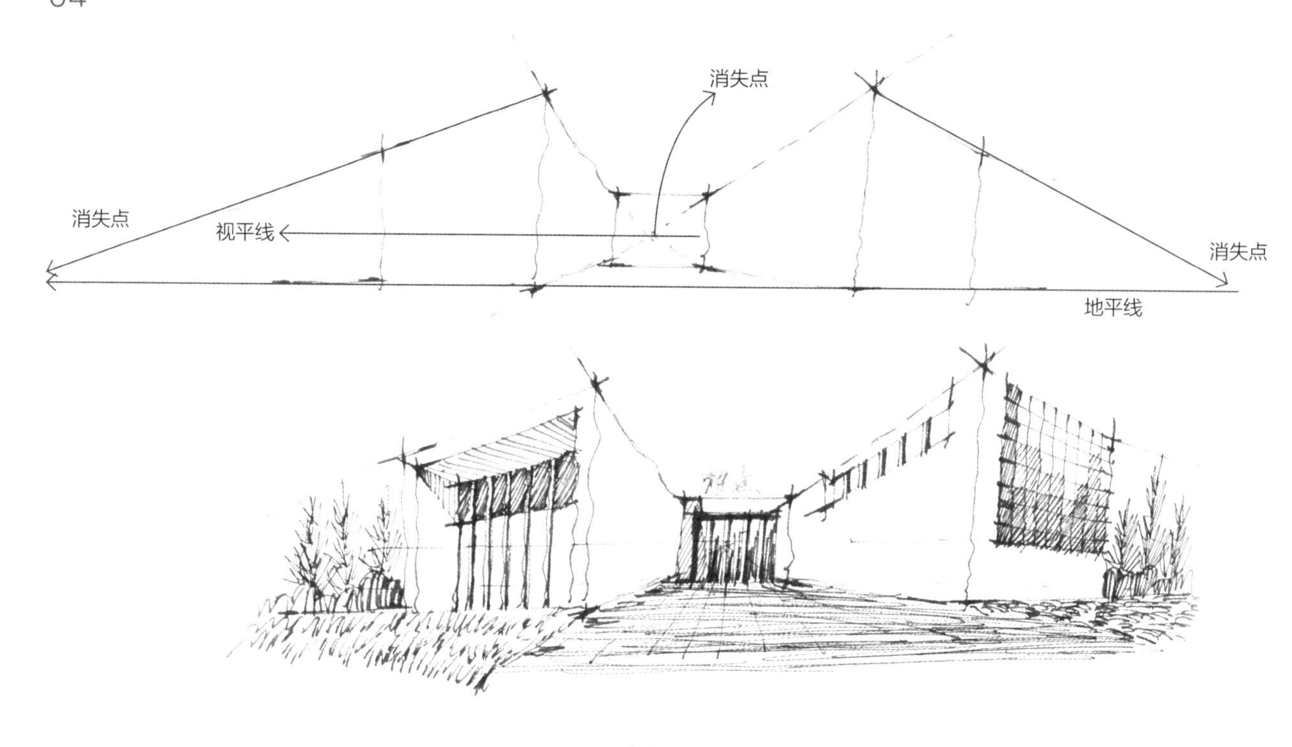

两点透视应用案例绘制步骤

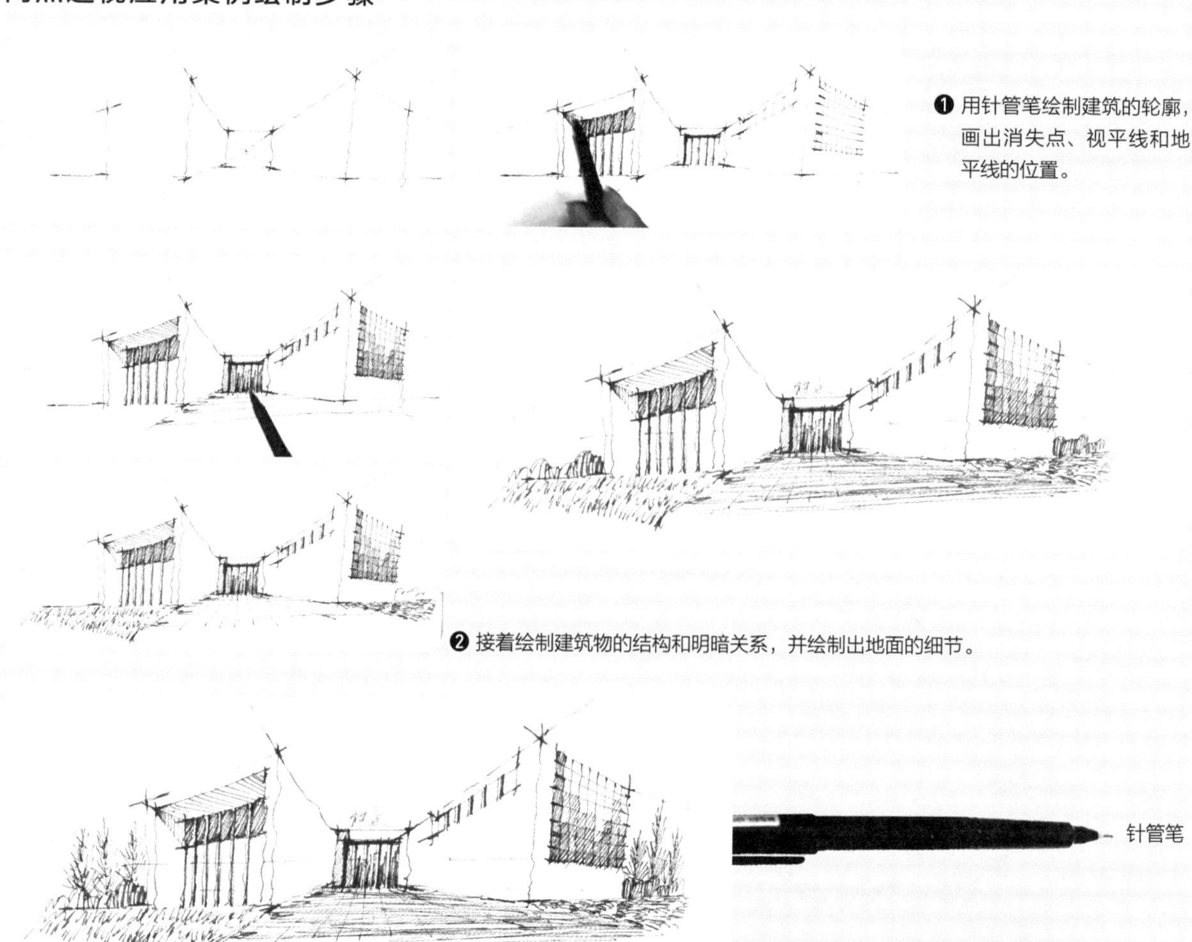

❶ 用针管笔绘制建筑的轮廓，画出消失点、视平线和地平线的位置。

❷ 接着绘制建筑物的结构和明暗关系，并绘制出地面的细节。

❸ 继续在两侧绘制植物，丰富画面内容。

5.2 实例绘制

浓浓人文

绘制步骤

1. 先绘制出树木的线稿，表现出明显和虚实变化，在后方添加建筑物的线条。

2. 继续绘制建筑物，在前方绘制出灌木丛的形状。

3. 绘制完画面中的植物后，添加暗部效果，增强前后的明暗对比。

4. 继续绘制建筑物的结构和明暗关系，使画面更加丰富，增强画面空间感。

完成

怀旧观感

图中表现的是一个转角的地方，两侧都可以看到小路，整个画面体现了两点透视的效果。

绘制步骤

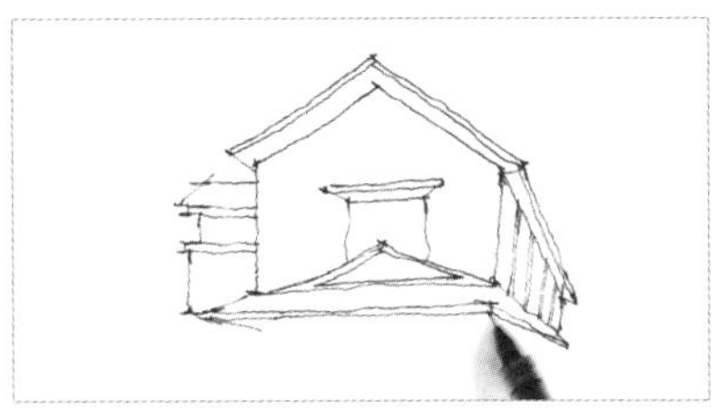

1. 确定好构图后，先绘制出房屋的线稿，表现出上下两层的结构。

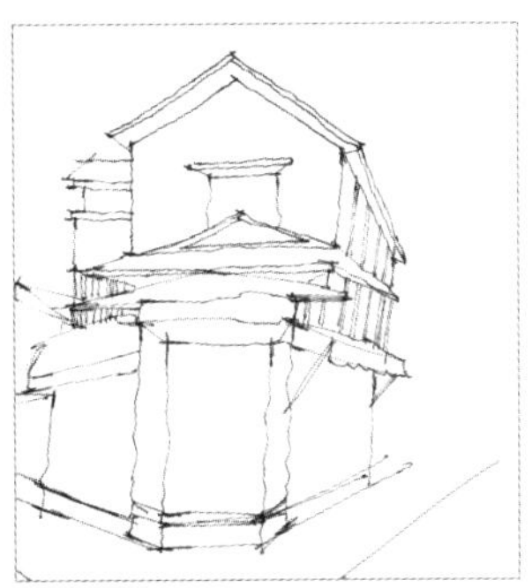

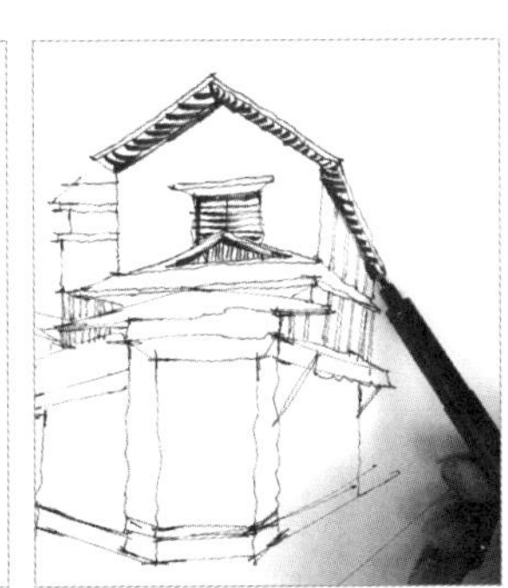

2. 继续绘制房子，绘制出阴影和暗部。

3. 接着用针管笔画出房屋远处的暗部，注意虚实变化。

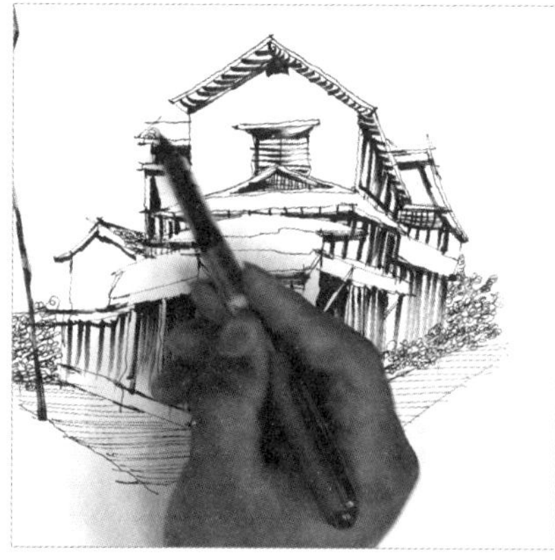

4. 最后绘制出房屋边上的植物和贯穿整个画面的电线。

用简单的几笔表现出远处的山峰，和近景形成虚实对比。

完成

日系清新

图中方形建筑物的透视为两点透视，在视觉效果上非常有冲击力，前方草坪的绘制表现了路面的宽度。

线稿

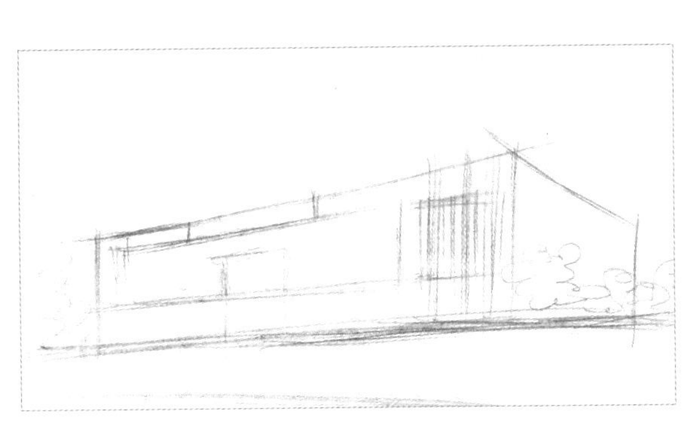

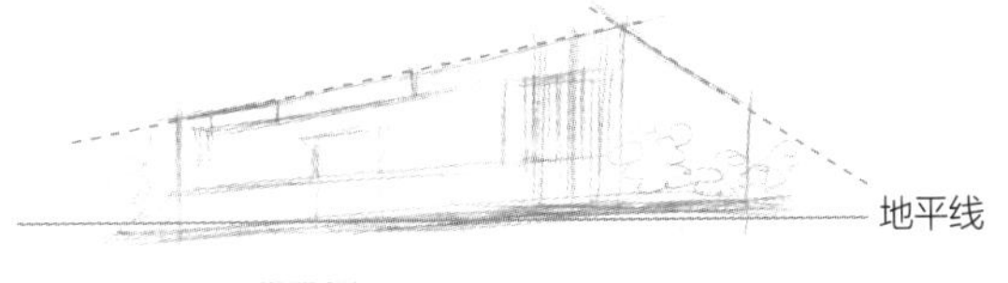

两点透视

1. 用铅笔画出正确的透视关系，将建筑物的外形绘制出来，两点透视的消失点会延伸到画面之外。

绘制步骤

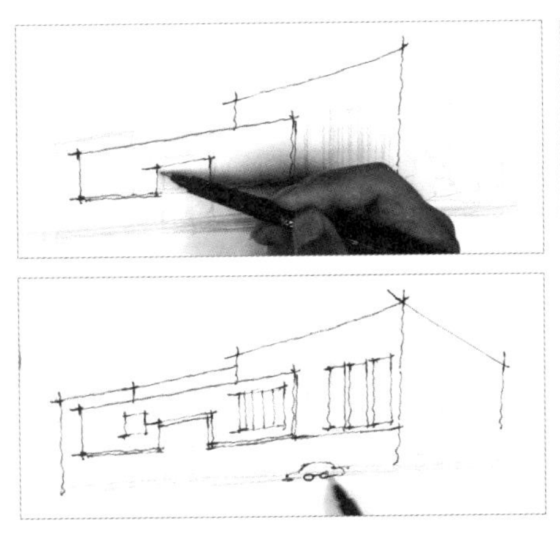

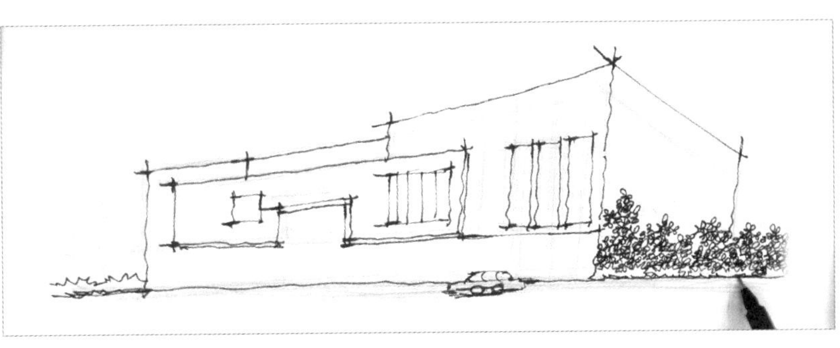

2. 用针管笔画出建筑物的外轮廓，并画一些植物进行点缀。

3. 用钢笔绘制出建筑物的质感，继续刻画建筑物的细节，用墨画出暗部，最后画出草坪。

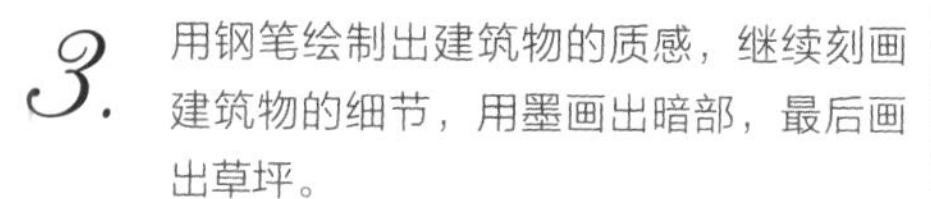

4. 在左侧绘制出树木，以填充上方空白的地方，使画面更加生动。

完成

宁静遐想

图中的建筑物结构比较独特，上面的装饰和整个建筑物相得益彰，消失点在画面之外。

线稿

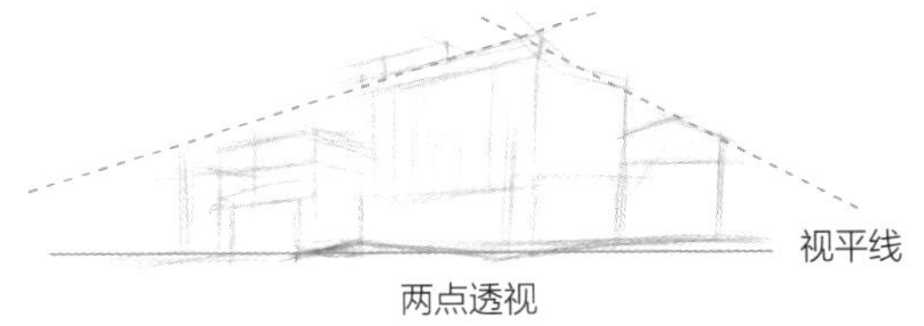

1. 用铅笔绘制底稿，表现出正确的透视关系。

绘制步骤

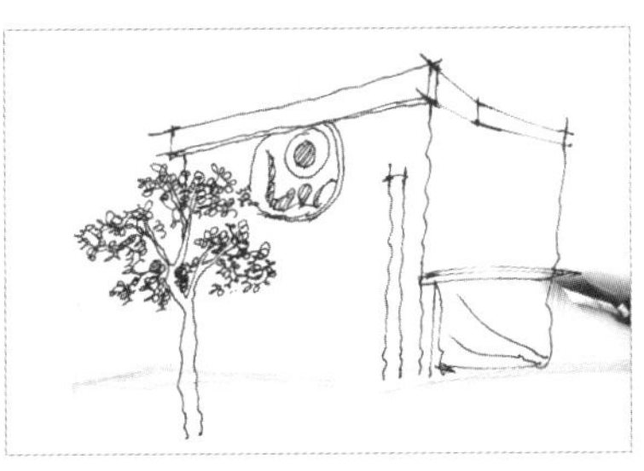

2. 用钢笔先绘制前方的树木，再沿着底稿绘制出建筑物。

3. 继续绘制出完整的建筑物外形和上面的装饰图案。

4. 用重墨画出最暗的地方，加强明暗对比，用不同方向的线条绘制建筑外墙，使其视觉效果更加丰富。

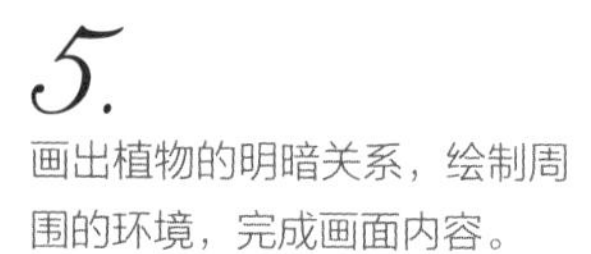

5.
画出植物的明暗关系，绘制周围的环境，完成画面内容。

完成

美邻大厦

图中案例是由多栋建筑物组成的商业大厦，绘制时要处理它们之间的空间关系，特点是要表现出它们的透视关系和明暗关系。

绘制步骤

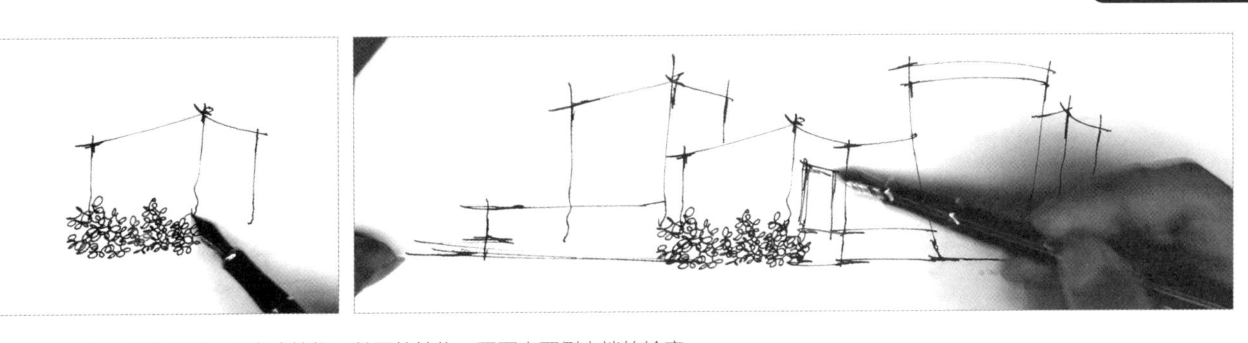

1. 从中心点开始绘制，画出建筑物和前面的植物，再画出两侧大楼的轮廓。

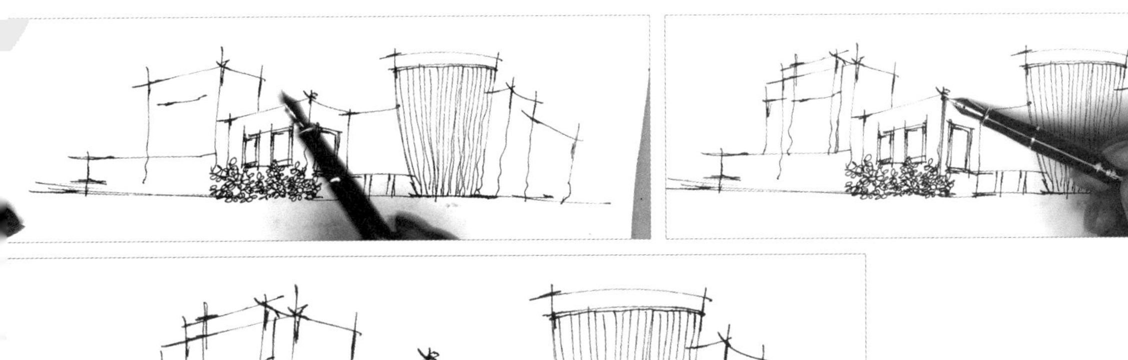

2. 用线条表现出大厦的效果，竖线使其看起来比较庄重。

3.

绘制出暗部，阴影的位置可以确定出光源的方向，便于整体画面的把握。

4. 以圆形的点装饰大厦，使其看起来风格多样，绘制出地面细节，表现出建筑物所在的位置较远。

完成

乡村小店

图中案例的透视为两点透视，与一点透视相比，两点透视在视觉效果上更具冲击力，画面中的电线把整体画面进行切割，使整体效果更加饱满。

绘制步骤

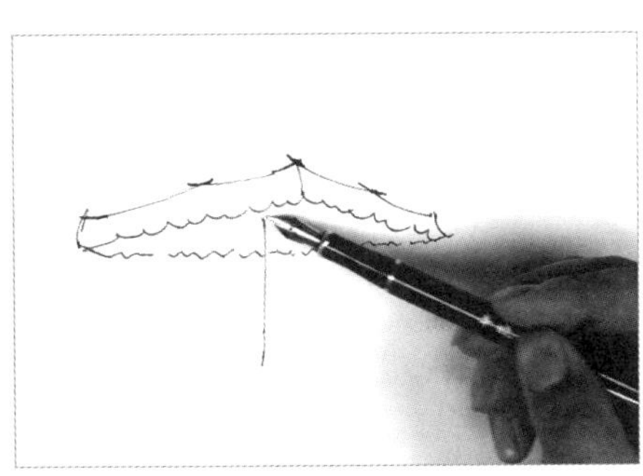

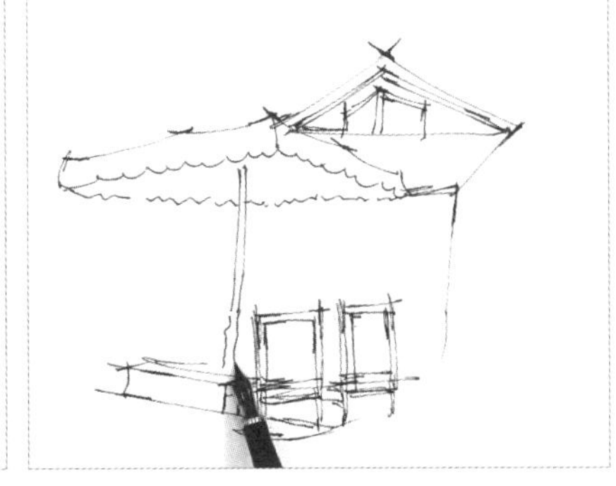

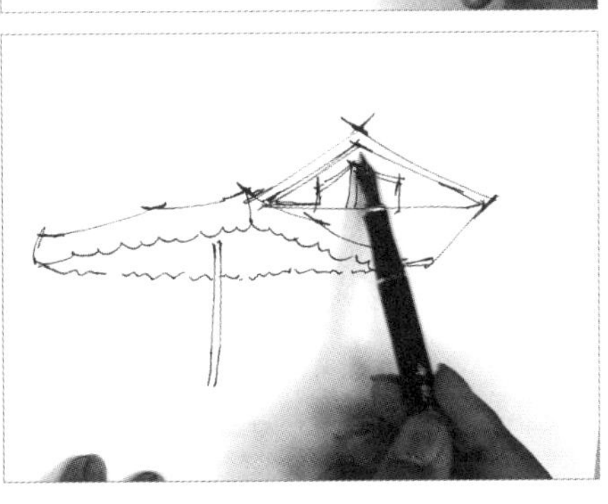

1. 先绘制出遮阳伞的线稿，方形的遮阳伞可以体现出两点透视的特点，接着再往两侧绘制。

画面的物体除了遵循两点透视原理外，还要表现出近大远小的透视规律。

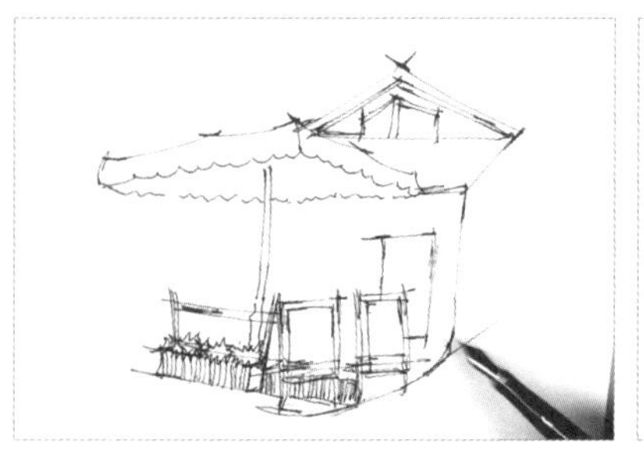

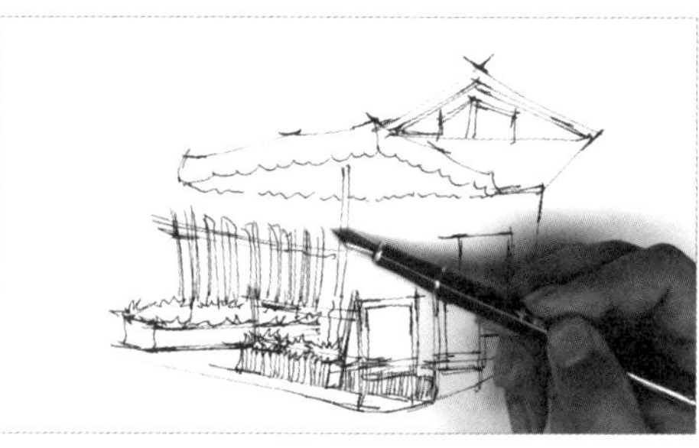

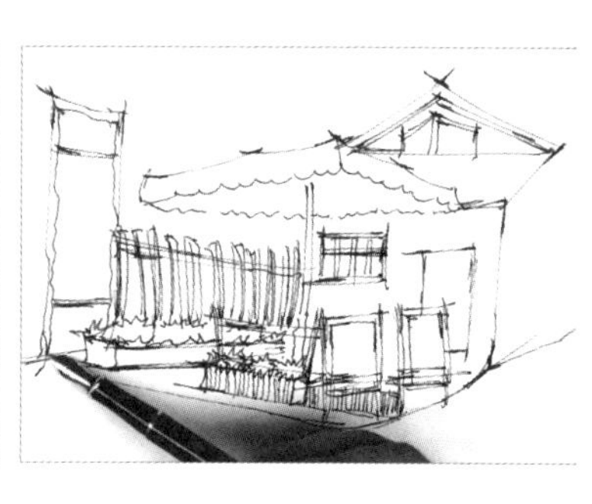

2. 接着绘制周围的花圃、围栏等，画的时候要使画面整体风格统一。

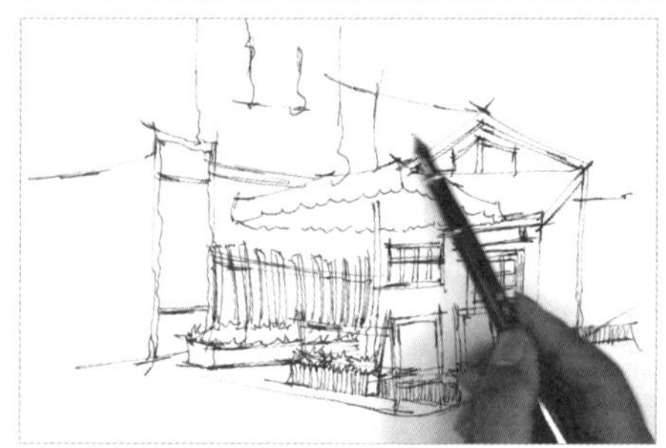

3. 绘制远处房屋的线条要松一些，使其和前面的建筑物有一些虚实对比。

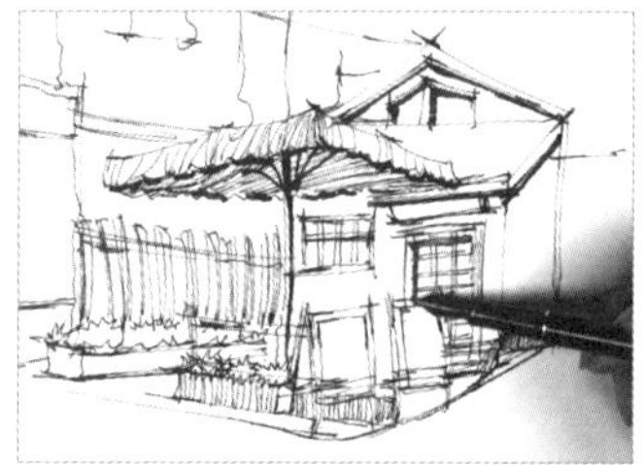

4. 用稍重的笔触绘制出画面中的明暗效果。

将伞骨的结构清晰地表现出来，体现了细节的重要性。

5. 接着绘制出遮阳伞后方的暗部，要和前方的明暗有一些对比，分清主次。

6. 在房屋的右侧绘制一棵树，将树的明暗关系表现出来。

7. 在围栏后面绘制植物，表现出植物茂密的特点。

在后方绘制暗部，可以衬托出前面的景物，加强其前后明暗关系的对比。

8. 在左侧的墙顶上面绘制树冠，表现出高大的树木被墙遮挡的效果。

9. 绘制出电线杆和两侧的电线，使画面更加生动和谐。

完成

第6章

CHAPTER 6

“醉心”都市街景绘制

街景在钢笔画中非常常见，而且各个地方的街景有着独特的风格。下面我们将学习如何绘制街景。

6.1 咖啡馆街景绘制

温馨田园咖啡馆

图中案例为街边咖啡馆，要绘制出休闲安逸的感觉，线条不要过硬。

绘制步骤

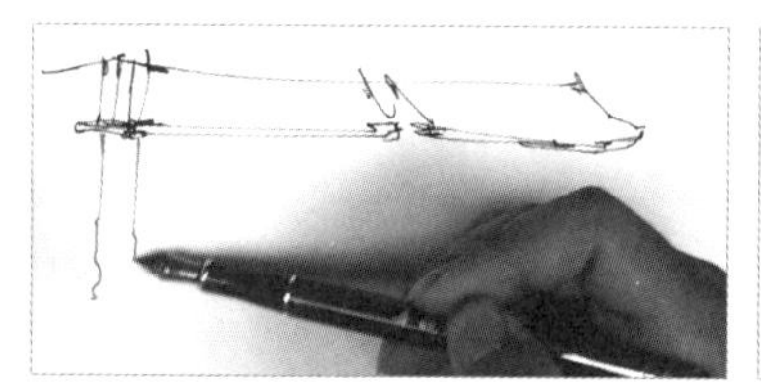

1. 先绘制出咖啡馆的轮廓和外面摆放的桌椅，表现出前后关系。

2. 给咖啡馆添加细节，画出门窗、广告牌、植物花盆等。

钢笔画讲究的是落笔准确，行笔流畅。两侧的透视关系要表现正确。

3. 给画面绘制出简单的明暗关系，表现出虚实的对比和空间层次感。接着添加细节，绘制出射灯、植物等。

4. 用较重的墨色绘制出阴影，表现出光感效果，完成整体画面的绘制。

完成

简约西式咖啡馆

案例中的咖啡馆风格偏西式，店面风格简约自然，绘制时要表现出一点透视的特征。

绘制步骤

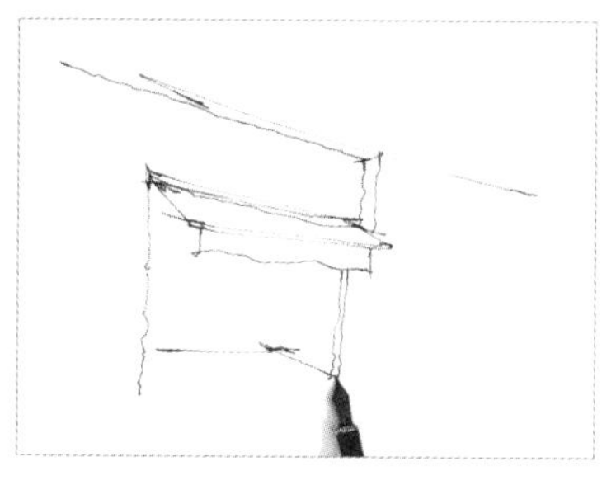

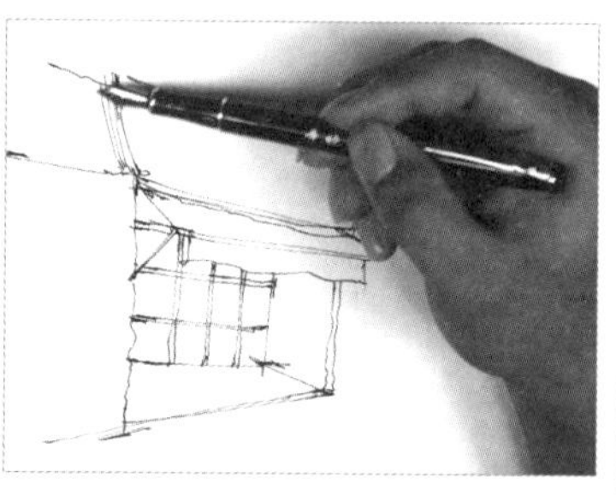

1. 在遵循大致的透视关系的前提下，绘制出咖啡馆的轮廓，然后绘制出咖啡馆的门窗和台阶。

2. 绘制盆栽和顶部的夜灯，表现出虚实关系。

3. 绘制出建筑物顶部的质感和广告牌上的标志，画出亮部，加强明暗对比。

4. 继续绘制远处的建筑和植物，并给地面添加阴影，调整整个画面。

完成

风雅质朴咖啡馆

本案例主要表现咖啡馆的外景。布艺条纹的遮阳棚和质朴的桌布，以及茂盛的枝条和窗台上的盆栽，都给人惬意舒适的感觉。

绘制步骤

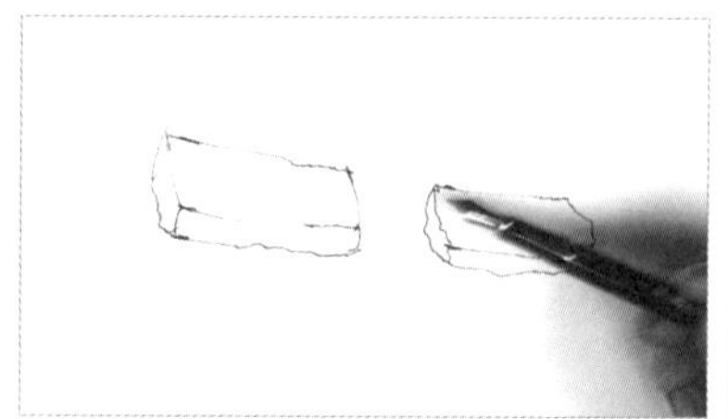

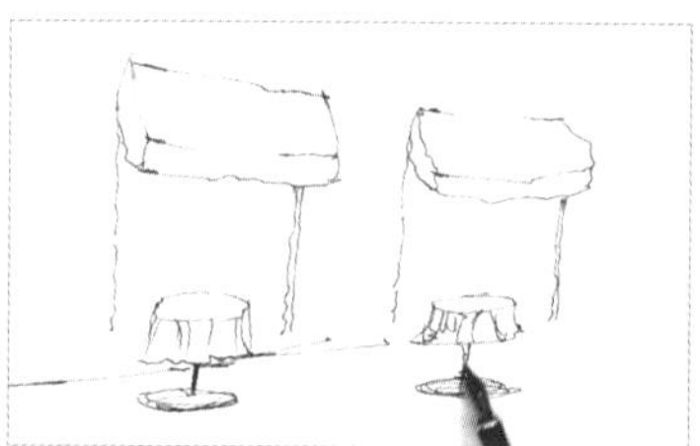

1. 绘制出遮阳棚的轮廓，在此基础上添加桌子、墙面、柜台等细节。

不同视角下窗户的透视变化各不相同，但是都处在同一视平线上。

2. 接着绘制出窗台和右侧墙面上的植物，画出拱形门的形状。

3.

绘制出左侧的植物和窗户的形状，并绘制出遮阳棚下方的阴影。

4.

完善左侧植物的绘制，并逐一绘制出各个部分的明暗关系。

完成

6.2 小资街景绘制

时尚商业街区

图中的街景因人物的点缀而变得喧闹起来。处理带有弧度的建筑物时，也要注意遵循圆形的透视规律。

绘制步骤

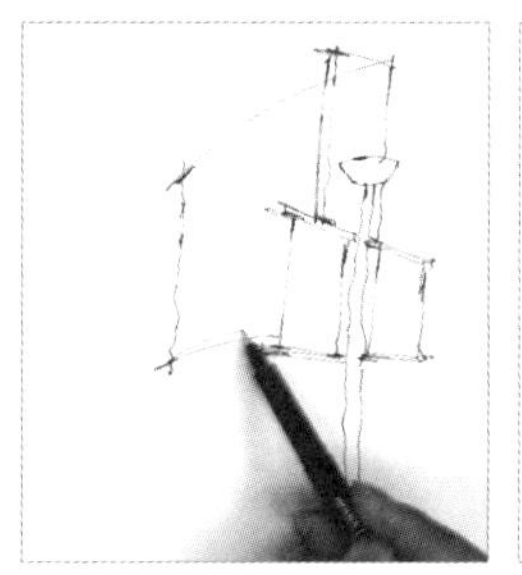

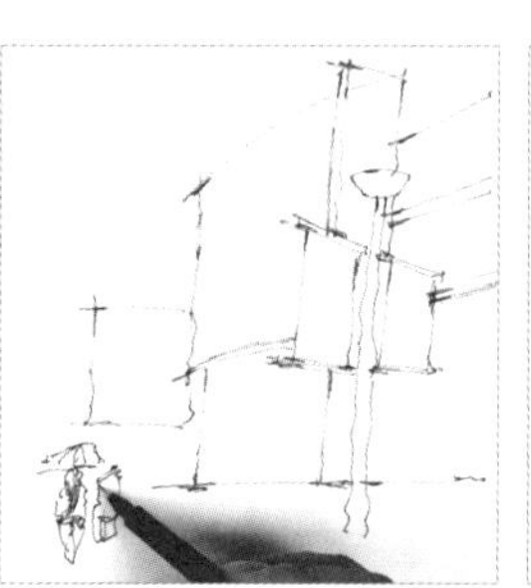

1.

先绘制出部分圆形的建筑物轮廓，并在画面中添加人物。绘制时要遵循近实远虚的透视规律。

2.

接着画出左侧的建筑物，表现出向后延伸的画面感。

3. 用较重的墨色绘制出画面的暗部和阴影，加强明暗对比，完成画面的绘制。

画面中的阴影要与暗部色调区别开来，以增强画面的空间感。

完成

绿点中的“网红”店铺

用藤蔓和植物装点房屋，给画面增添了一种小资情调，让人无比向往。

绘制步骤

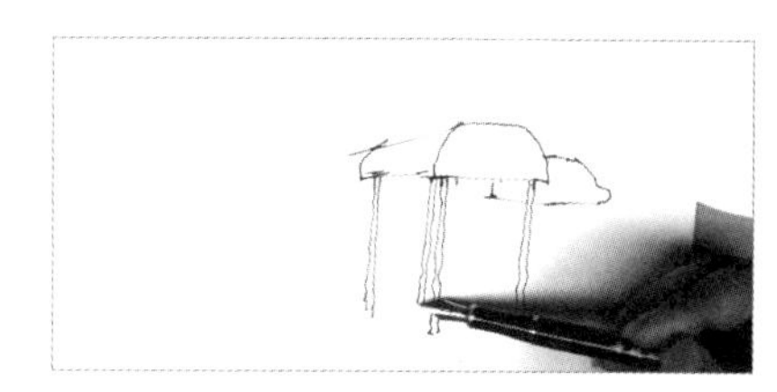

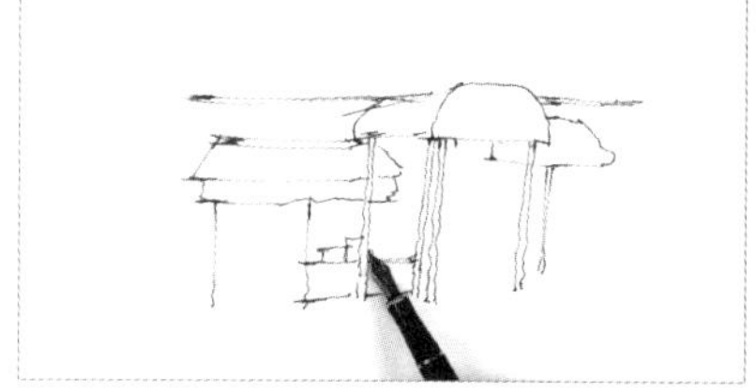

1. 首先绘制出底层的房屋，再顺着房屋的边缘线表现出藤蔓的生长方向。

2. 接着绘制出玻璃窗，表现出正确的透视关系，然后再绘制一些植物装饰画面。

3. 用稍重的笔触绘制出阴影，为建筑物添加细节，表现出近实远虚的效果。

4. 仔细绘制植物的明暗关系，画出房屋的细节，明确小资街景的特点。

完成

乐意共享街区

图中天桥和高楼的结合，是都市中最常见的街景。一点透视在画面中的运用，使画面的冲击力更加强烈。

绘制步骤

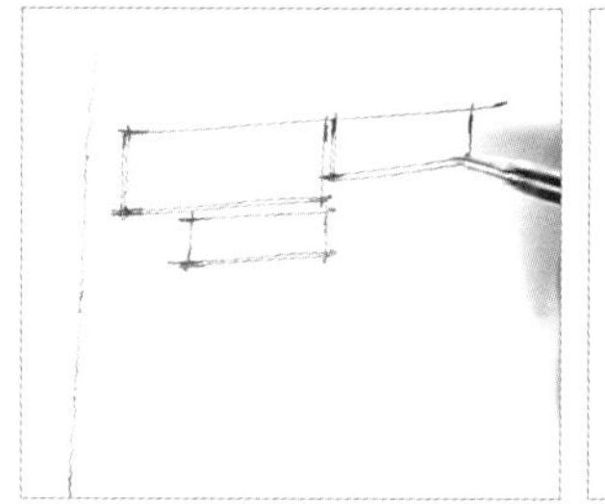

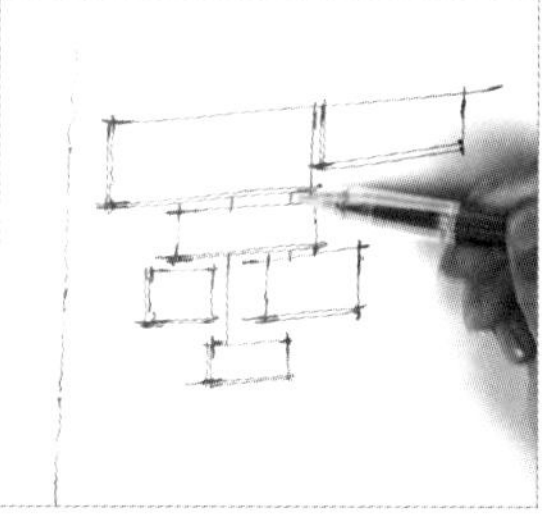

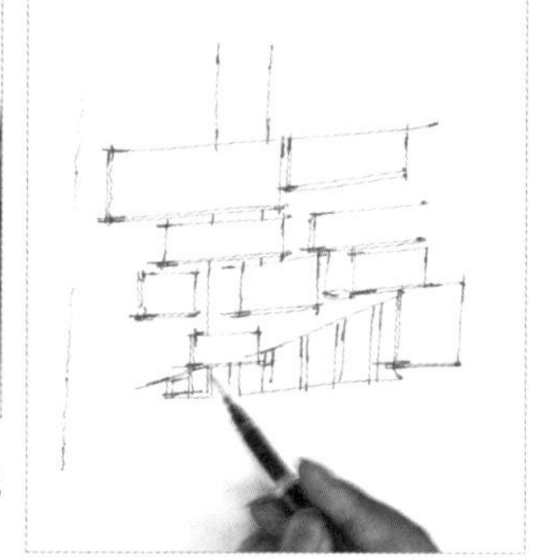

1. 先绘制出背景的高楼大厦和广告牌，用方形的块面来概括。

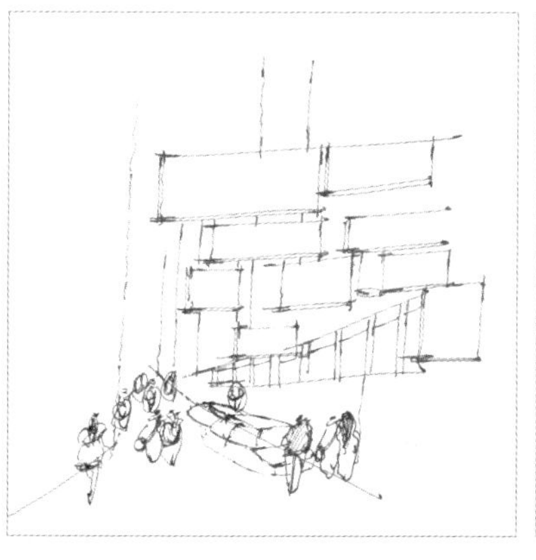

在绘制过程中，用线条的疏密变化表现出向后延伸的画面感。

绘制好人物后，用细而密集的线条绘制出背景的建筑物。

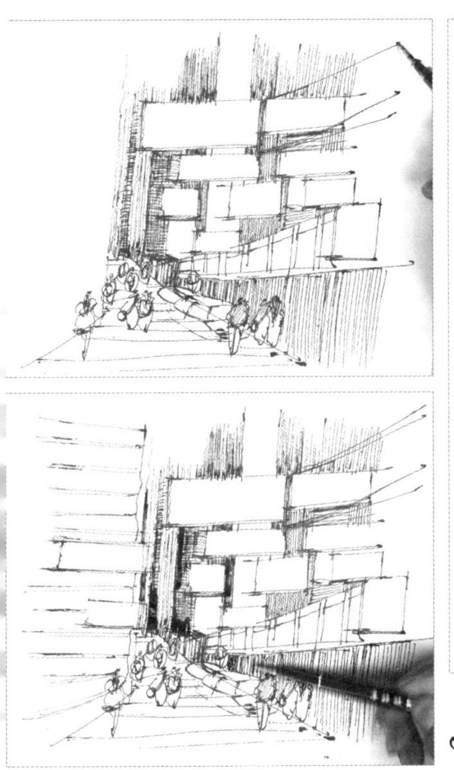

3. 绘制出电线和左侧的建筑物，表现出强烈的明暗关系，完成画面内容。

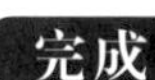

完成

6.3 欧洲街景绘制

高耸入云的古典教堂

案例中圆顶的教堂是典型的欧洲古典风格。采用仰视的角度表现，使其看起来更加高大。

绘制步骤

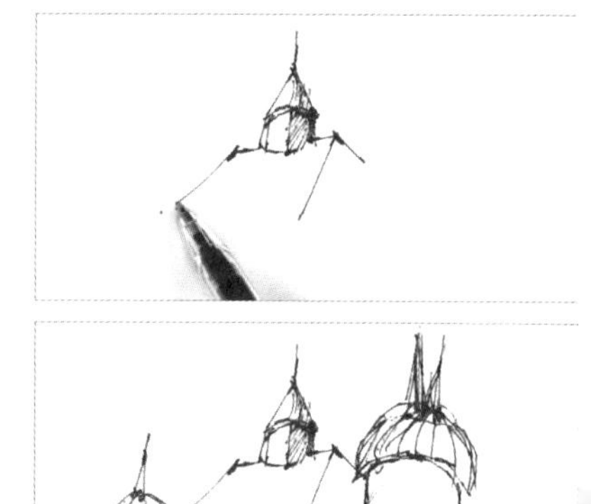

1. 先从建筑物的顶部开始绘制，画出屋顶的结构和有弧度的窗户。

2. 继续向下绘制，表现出建筑物的透视关系。

通过细小的笔触表现每一层的不同特点，使画面的内容更加丰富。

3. 继续向下绘制到底层，表现出近实远虚的画面效果。

4. 加强建筑物的明暗关系，并在左侧添加植物。

5. 接着画出右侧的植物和地面的细节，表现出明确的前后空间关系。

完成

复古大气的市政厅

市政厅的建筑风格复古唯美，不同时期的建筑在一起，和谐自然。图中的街景表现出一点透视的特征，画面的冲击力强。

绘制步骤

1.

先画出画面中心的建筑物，每一层的结构层次都要绘制清楚。

2.

绘制右侧的建筑物，注意遵循透视规律。

3.

继续绘制，表现出近实远虚的透视效果。再画出左侧的围墙和建筑物，并用植物装点画面。

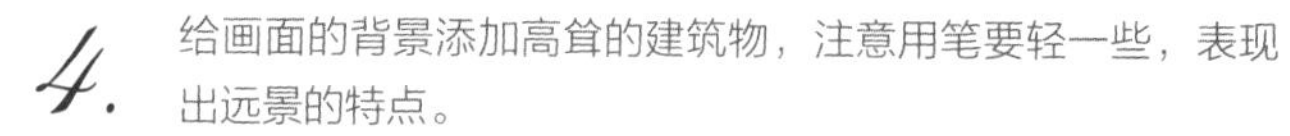

4. 给画面的背景添加高耸的建筑物，注意用笔要轻一些，表现出远景的特点。

完成

随意的线条表现出天空中云彩的不规律性，有一种变化多端的美感。

左右对称的贵族庄园

图中的建筑物线条明确，棱角分明。画面虽然是左右对称，但在绘制时要进行一些艺术化的处理，不能画得太均衡。

绘制步骤

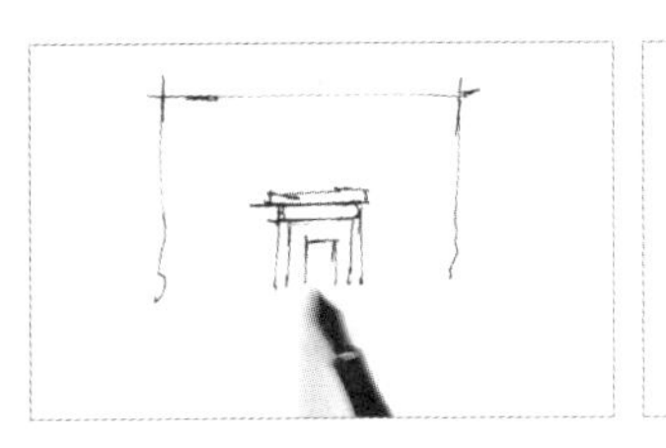

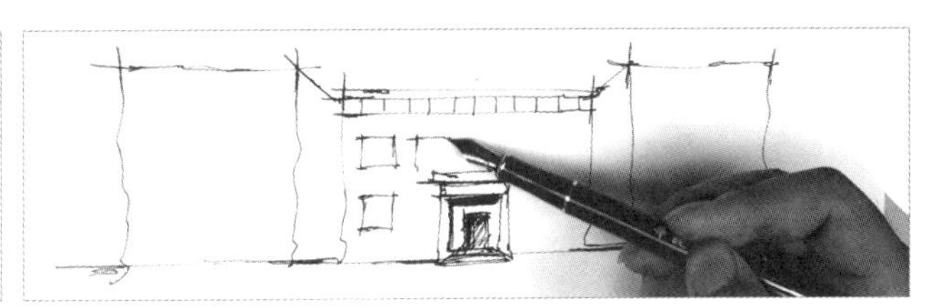

1. 先从门画起，绘制出纵深的空间感，要遵循近大远小的透视规律。

2. 接着绘制两侧的房屋，表现出明暗关系，再添加一些树木和地面细节。

3.

绘制出草地的明暗效果，加强房屋的明暗对比。

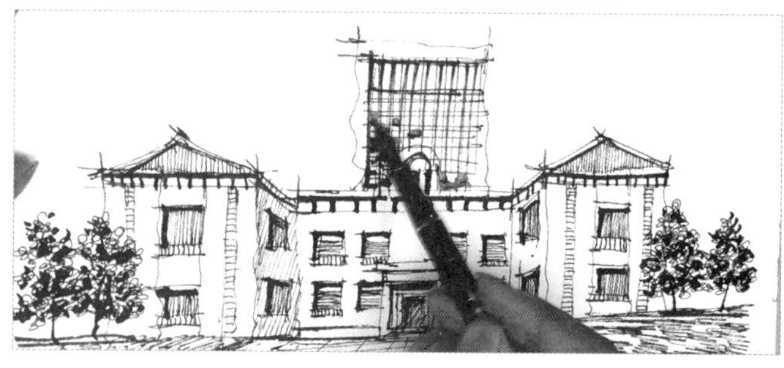

绘制出背景的大楼和地面上的地板，完成整体绘制。

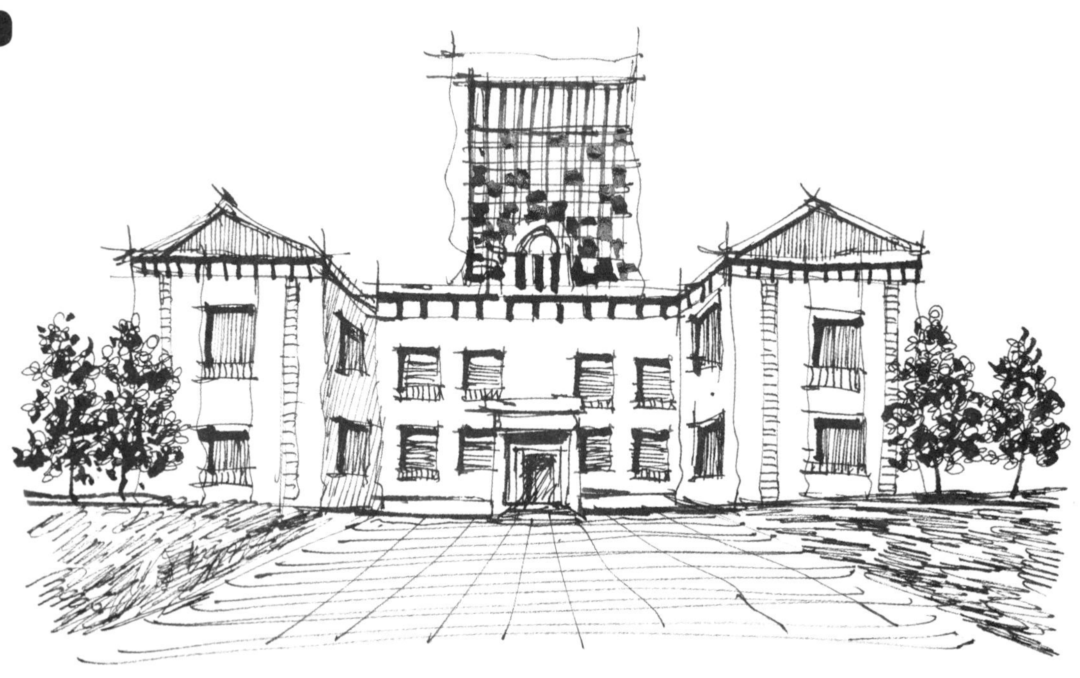

6.4 中国街景绘制

铜锣湾的午后

香港铜锣湾的建筑有着泾渭分明的特点，图中一点透视的效果使得画面更有冲击力。

绘制步骤

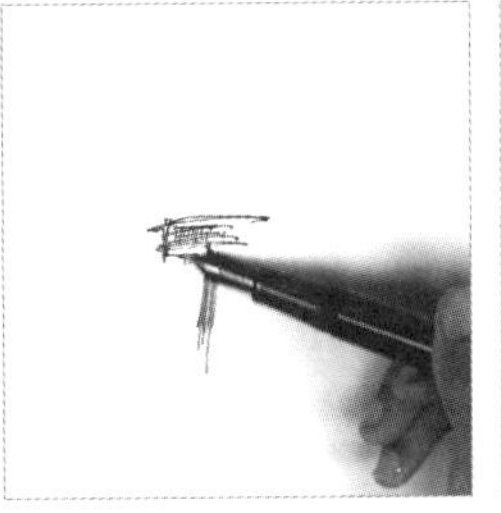

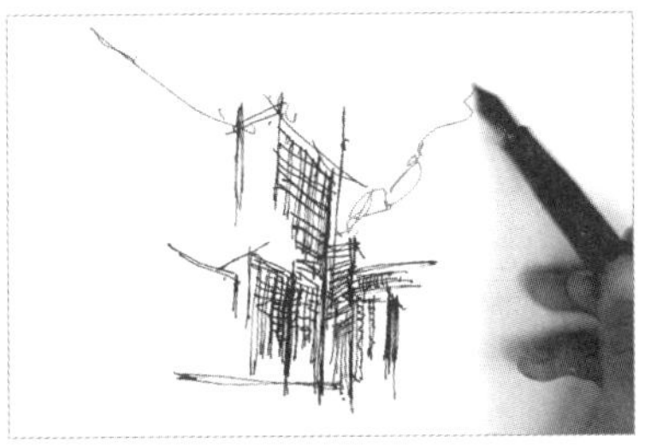

1. 先绘制出左侧高楼的线条，使用细小的线条可以表现出楼层的层次感。

2. 接着绘制出下方店铺的线条，注意透视关系的准确性。

3. 给左侧的楼添加一些细节，增强其明暗对比，再绘制树木。

左侧的楼群整体处在同一条透视线里，消失点聚集在同一点。

4. 继续绘制右侧的建筑物，简单地处理线条，使画面主次分明。

完成

车水马龙的商业街

画面中林立的牌子和居民楼表现出香港街景的另一类风格，车辆和人群表现出喧闹繁荣的商业场景。

绘制步骤

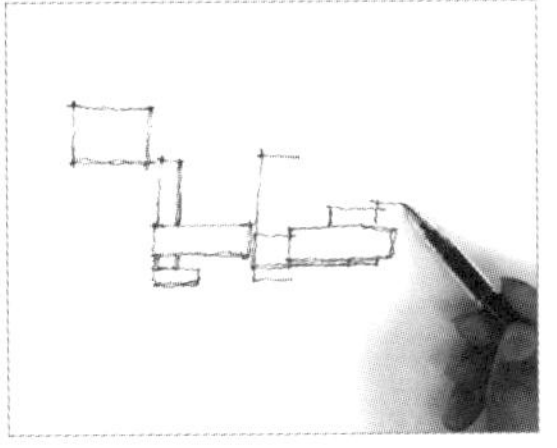
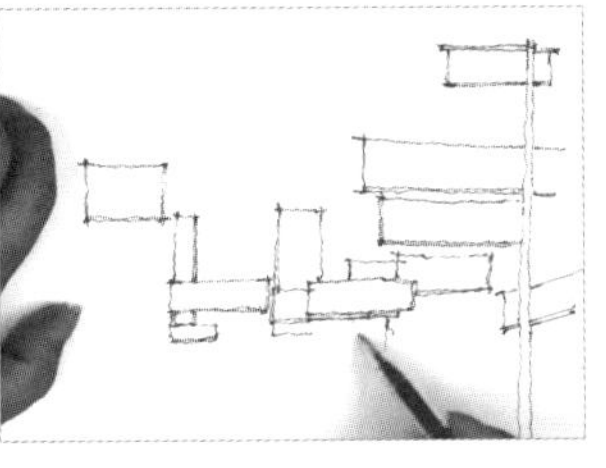
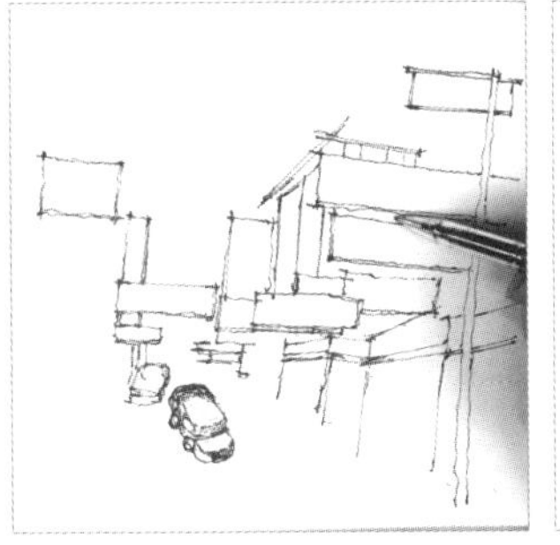
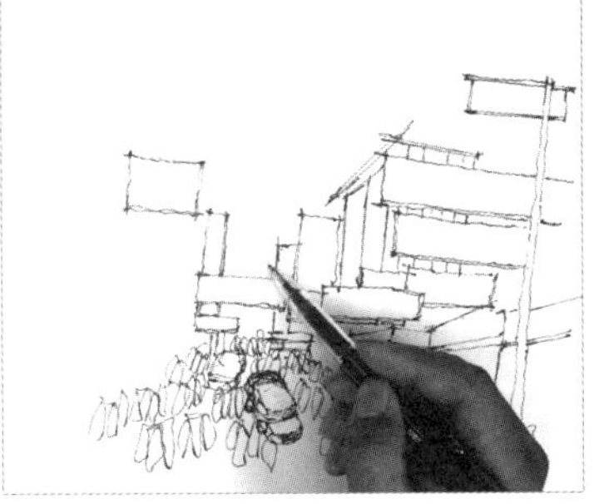

1. 以消失点为中心，用不同的几何体绘制出简单的建筑物，再添加车辆和人群，以表现“繁华”的画面效果。

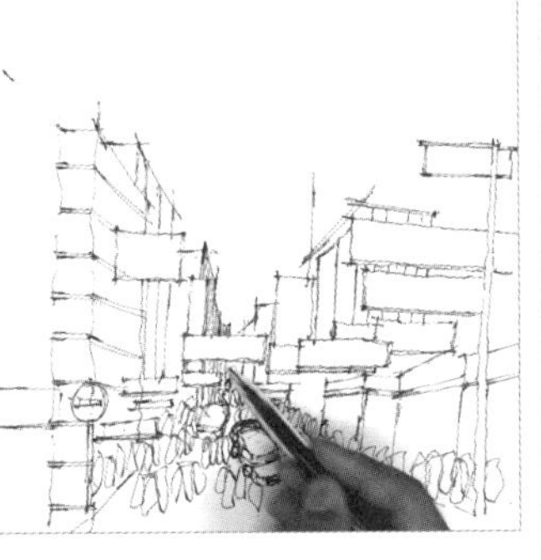

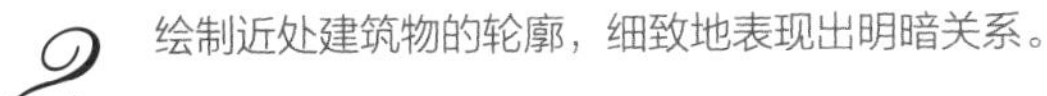

2. 绘制近处建筑物的轮廓，细致地表现出明暗关系。

3. 绘制出整体的明暗关系，光源和阴影要统一。

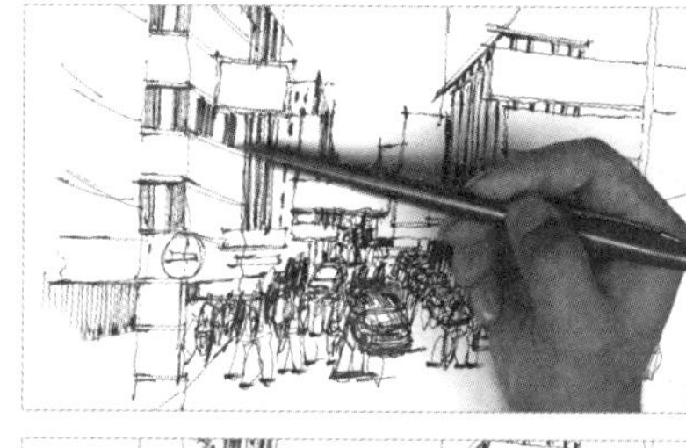

4.

继续绘制，加强画面整体的空间感，使建筑物的体积感更强。

完成

闹中取静的百年老店

案例中的两棵树的绘制要分清主次，在绘制草地时要表现出前后关系。

绘制步骤

1. 重点绘制右侧的树，画出主干和茂盛的枝叶，并画出树周围的建筑物。

2. 细致地绘制出遮阳顶和其他细节，通过添加台阶来表现画面的层次感和空间感。

3. 用浓墨画出明暗对比，表现出房屋的纵深感，用不规则的笔触绘制出树皮的斑驳质感。

4. 继续绘制左侧的树木和草地，绘制阴影和暗部时要有虚实的区分。最后画出地面的细节，调整整体画面，完成绘制。

6.5 日本街景绘制

俯视角度下的日本民居

鳞次栉比的小屋和起伏的小路是日本最为常见的乡村街景。

本例以俯视的角度表现场景，用电线“分割”画面，整个画面很丰富，冲击力也很强。

绘制步骤

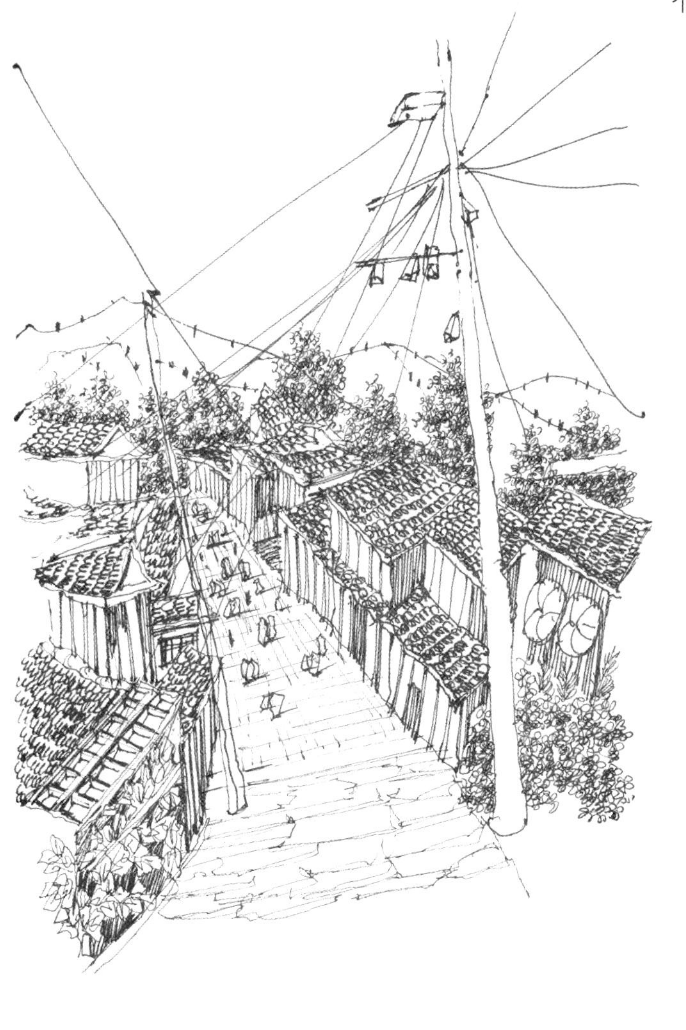

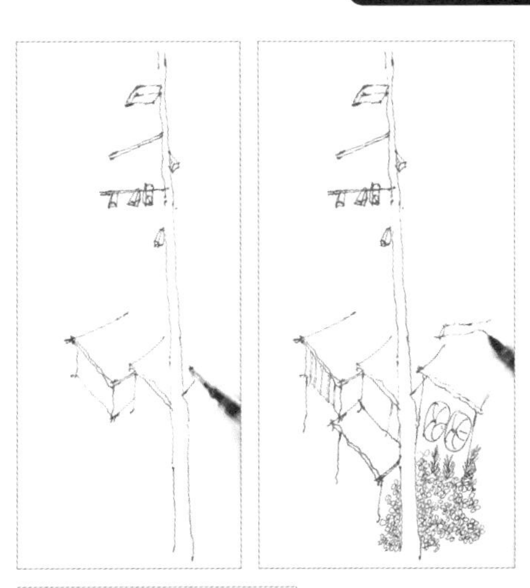

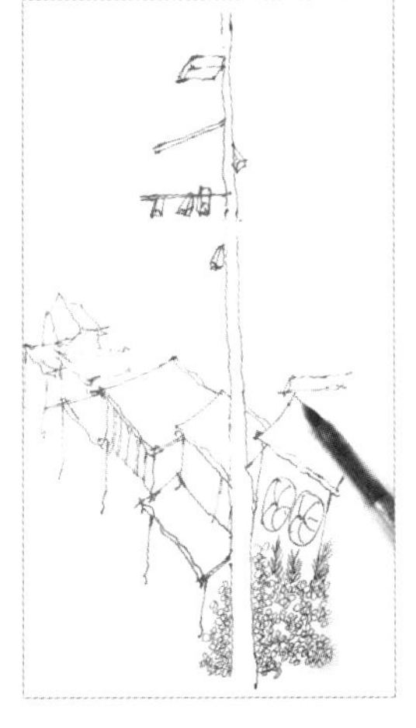

1.

绘制出画面中最高的电线杆和右侧的房屋，表现出正确的透视关系。

2.

接着绘制左侧参差不齐的屋子，并增加一些植物。

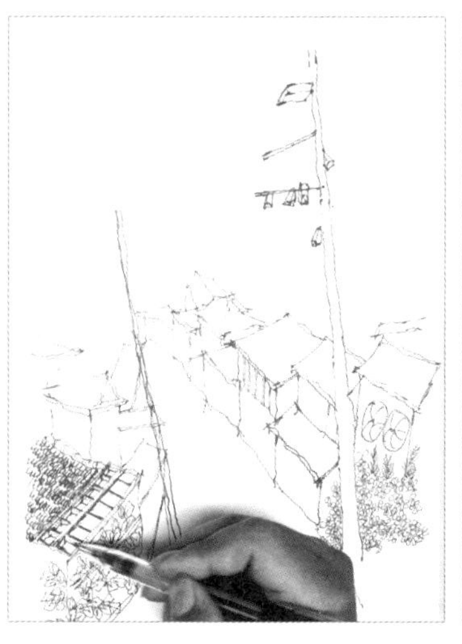

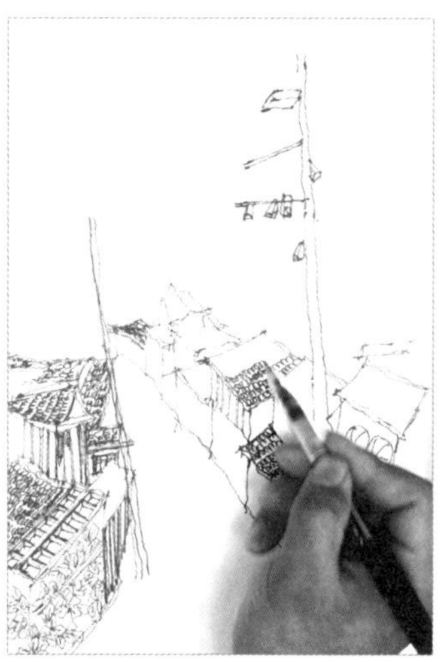

3. 用细小的线条绘制出屋顶的瓦片，表现出瓦片的质感。

4.
在远处添画一些植物，用笔的时候稍轻一些，表现出虚实关系。

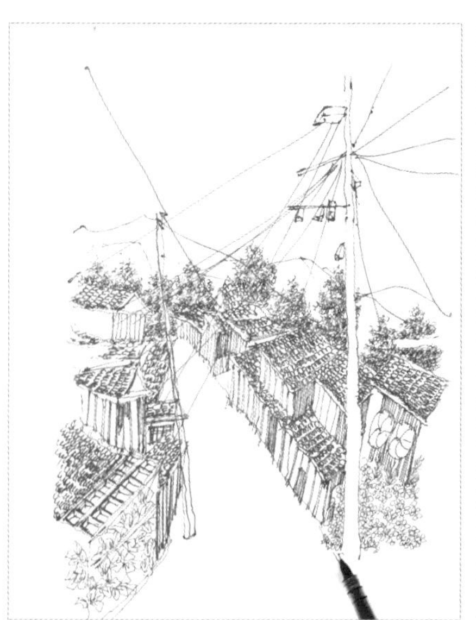

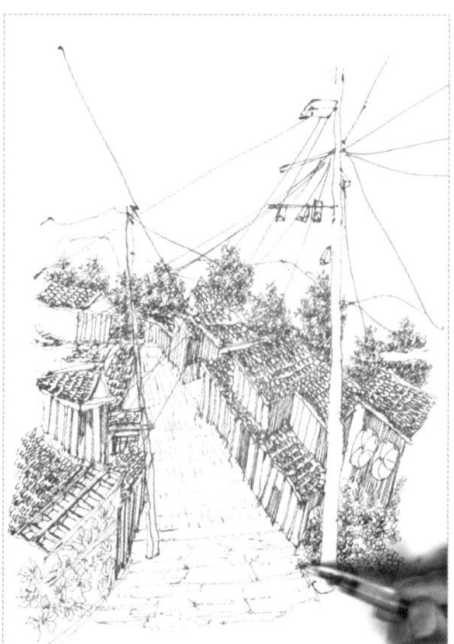

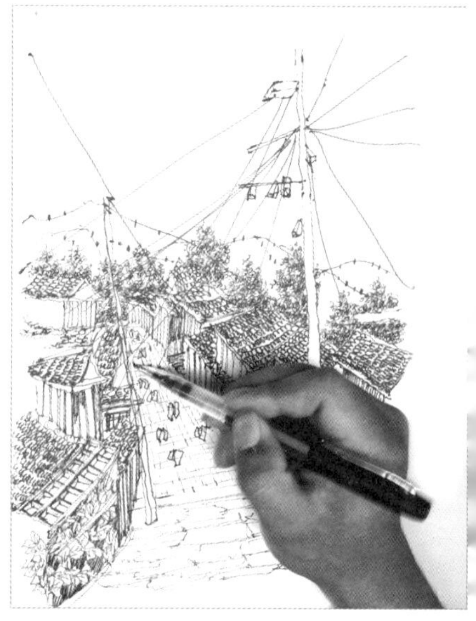

5. 绘制电线和路面的细节并添加人物，使画面更加丰富。

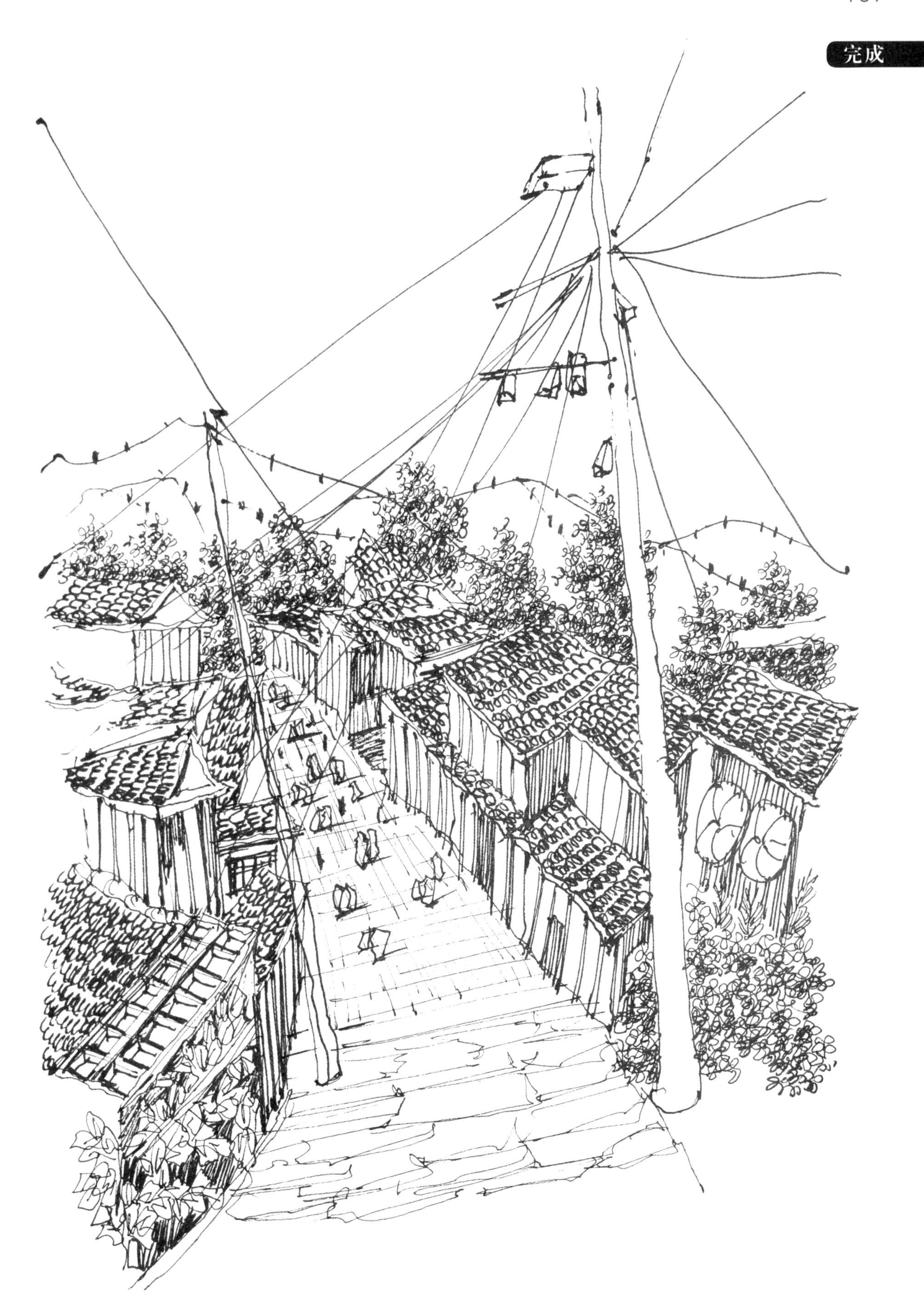

小路转弯处的居酒屋

画面着重表现曲折的小路、路灯和居酒屋（小酒馆），一幅悠闲的场景跃然纸上。

绘制步骤

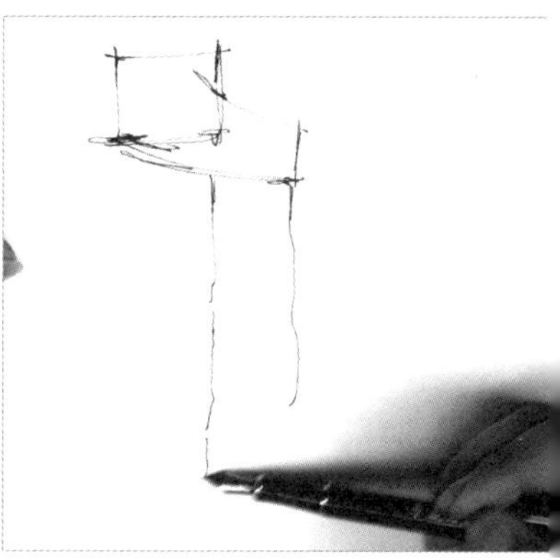

1. 用弯曲的线条绘制出不太平整的建筑物墙面，并绘制出指示牌和街灯的轮廓。

2. 绘制居酒屋的窗户和植物。在绘制地面的砖时，要表现出正确的透视关系。

3. 绘制出阴影和暗部，要分清主次，使前面的景物更加突出。

完成

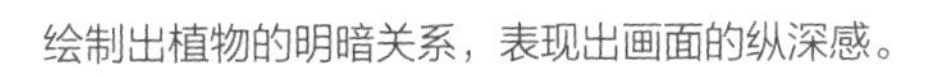

4. 绘制出植物的明暗关系，表现出画面的纵深感。

绿荫中的日本民宿

本案例中圆形透视的运用较多，绘制时要协调好左右两侧的转弯，电线的加入使画面更加真实、丰富。

绘制步骤

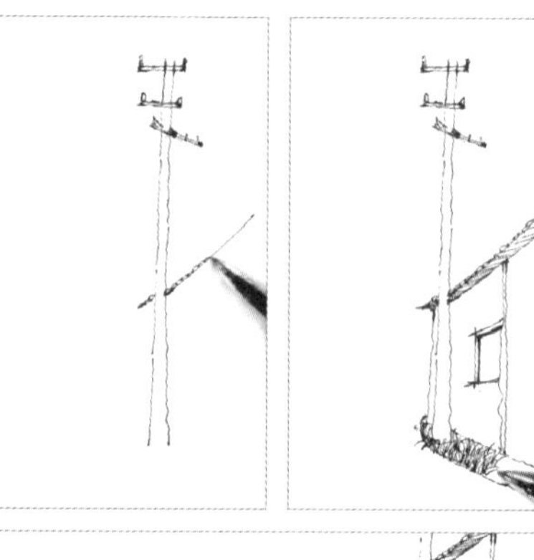

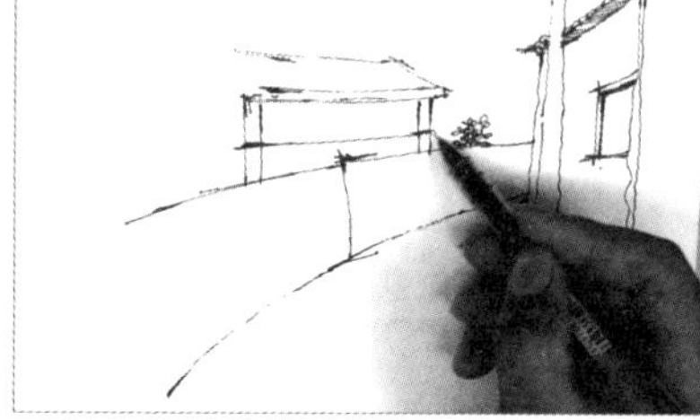

1. 先绘制右侧电线杆和围墙的线稿，再绘制左侧的房屋和台阶。

2. 认真绘制出大树树冠的轮廓和伸出围墙的树枝。

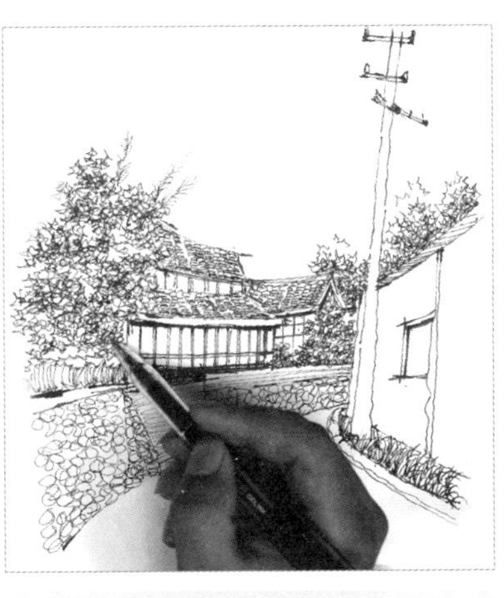

用长直线画出地面的细节，注意控制线条的长短和用笔力度。

3. 用细小的不规则线条绘制出石头砌成的台阶，给画面添加重色，加强明暗对比，表现出前后空间关系。

继续深入绘制画面中的明暗关系，阴影的添加可以加强整体的明暗对比。

完成

第7章

CHAPTER 7

“打卡”建筑街景绘制

建筑街景在钢笔画学习中是必不可少的，这章将学习如何绘制建筑街景。

7.1 宗教建筑绘制

哥特式风格教堂

本案例的透视为两点透视，与一点透视相比，两点透视在视觉效果上更具冲击力，是钢笔画中常用的透视法。高耸云端的尖塔是哥特式风格建筑的典型特征。

线稿

1. 先绘制线稿，绘制时多用自动铅笔起稿，下笔要轻，以免后期擦除破坏纸面。

绘制步骤

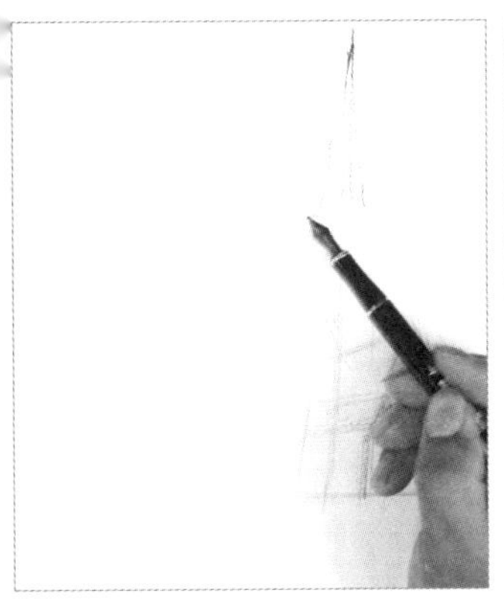
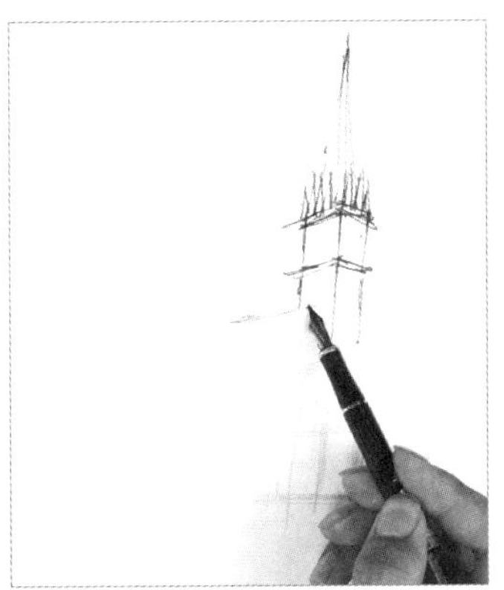
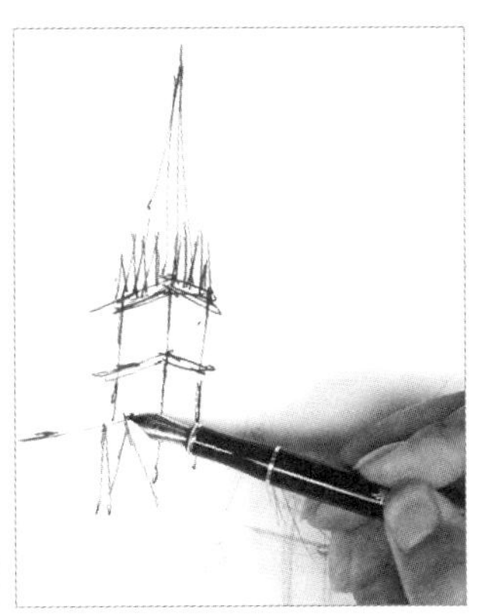

2.
用钢笔沿着线稿的痕迹画出画面中最高的建筑。

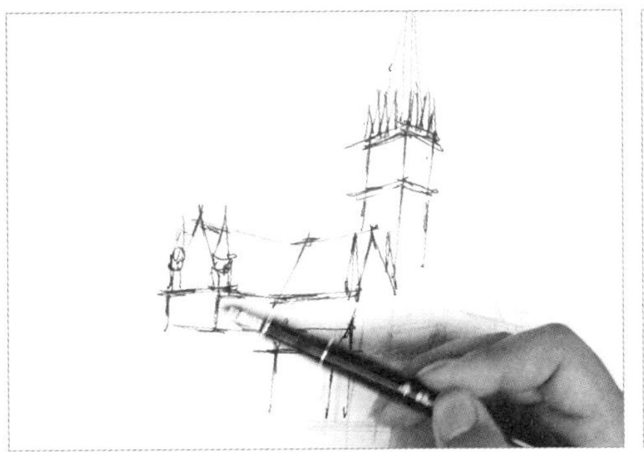
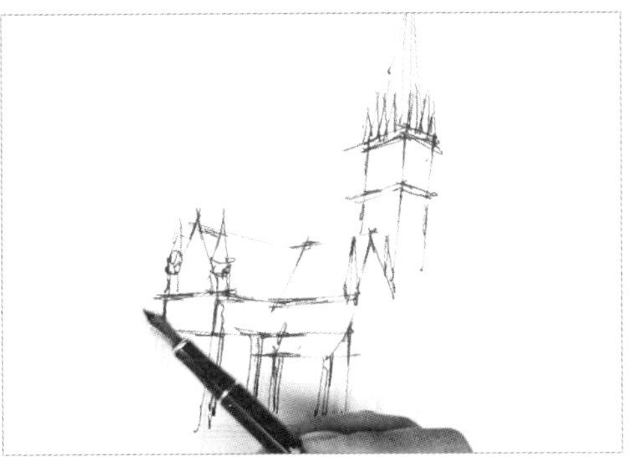

3.
绘制完最高的建筑物后，画出右侧较低的建筑物，绘制时线条较为简练，画出轮廓即可。

4.
继续绘制建筑物，完成建筑物的外轮廓绘制。

绘制建筑物的轮廓时，用笔要准确，线条要随意些，使画面效果更倾向于写意。

5. 接着画出最高建筑物和它下方建筑物的暗部，暗部的绘制也要有主次变化，主要建筑物的暗部要强化，次要建筑物的暗部适当减弱。

6. 继续绘制画面中的建筑物，完成建筑物的暗部绘制。建筑物的光源要保持一致，使画面协调。

7. 绘制地面的颜色，颜色涂画的面积较大，要有虚实变化、明暗的对比。地面较重的颜色能更好地衬托出建筑物。

在绘制大面积颜色时，墨水会堆积到一起，可以用纸巾吸收掉多余的颜色。

8. 建筑物和地面的绘制完成后，画出右侧的植物，绘制植物的线条为曲线，较为随意，表现出植物自由生长的茂密感。

9. 绘制出建筑物左侧植物的外形，暗部线条多叠画几层，画出植物的暗部。

10.

最后调整画面的细节，完成建筑物的绘制。

完成

拜占庭风格教堂

本案例有明显的拜占庭建筑特征，建筑物顶部圆顶是拜占庭的风格。再用随意的线性绘制云彩，以丰富画面。

线稿

简单的几笔绘制出透视关系。

1. 先绘制线稿，绘制时多用自动铅笔起稿，简单地画出透视关系。

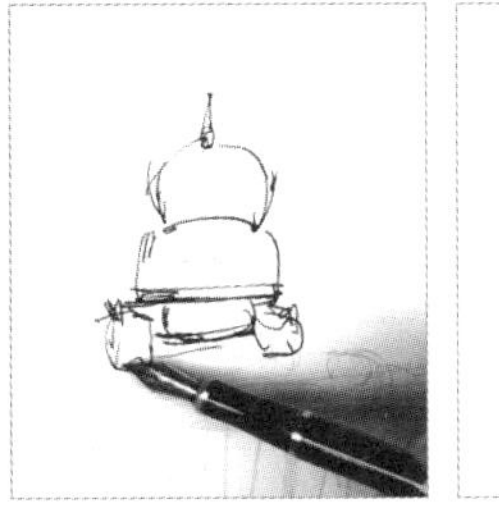

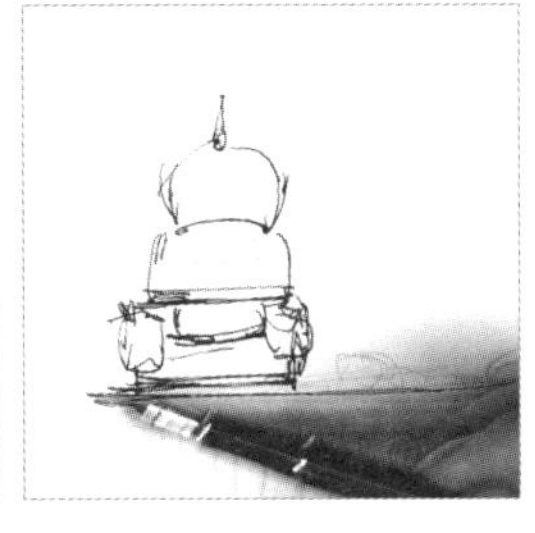

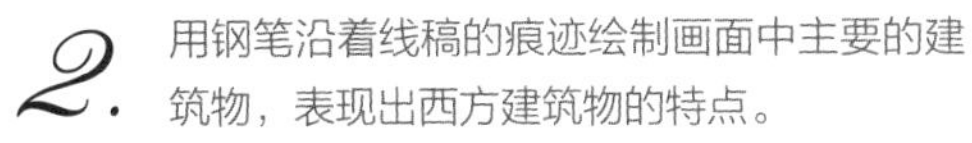

2. 用钢笔沿着线稿的痕迹绘制画面中主要的建筑物，表现出西方建筑物的特点。

3. 绘制完主要的建筑物后，画出两侧较低的建筑物，绘制时要保持透视关系的准确性。

绘制建筑物的线条时，用笔要准确，线条相接的地方可以随意些。

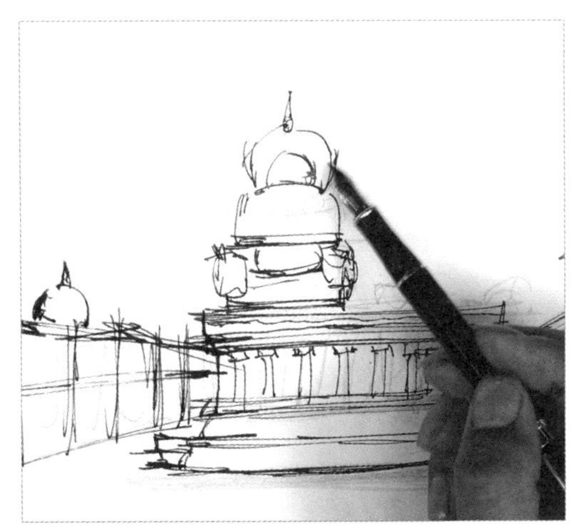

4. 继续绘制建筑物，表现出建筑物的阴影位置。

5. 接着画出最高建筑物的暗部，暗部的绘制也要有主次变化。

继续绘制画面中的主要建筑物，建筑物的光源要保持一致，使画面更加协调。

7.

给左右两侧的建筑物绘制出阴影，表现出明显的光感效果。

8.

用连续的横线条画出地面的细节和建筑物的阴影，要通过虚实变化衬托出建筑的立体感。

9.

用随意的弧线画出云彩，使整个画面更生动完整。

完成

7.2 商业建筑绘制

纽约第五大道上的老店

画面中是一家纽约第五大道的特色小店，橱窗里摆放的小物品、上方悬挂的广告牌和花藤都很有特色，就连吊灯也很讨喜，让人流连忘返。

绘制步骤

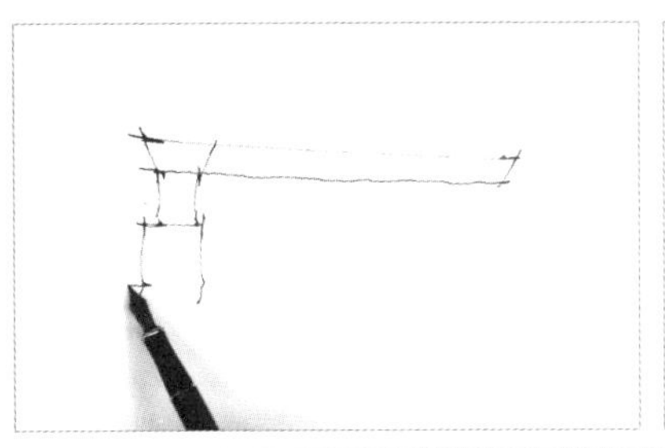

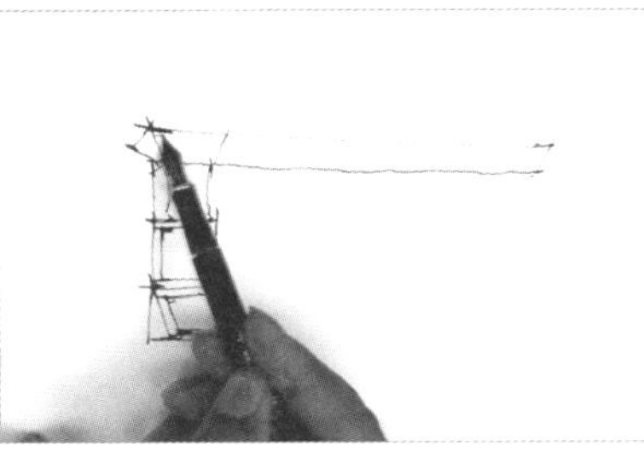

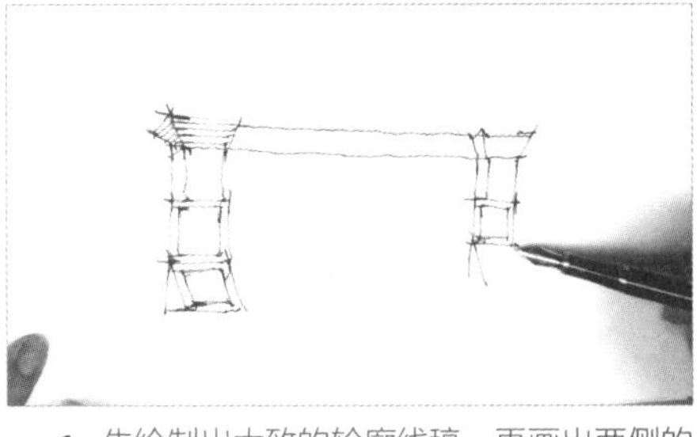

1. 先绘制出大致的轮廓线稿，再画出两侧的装饰。

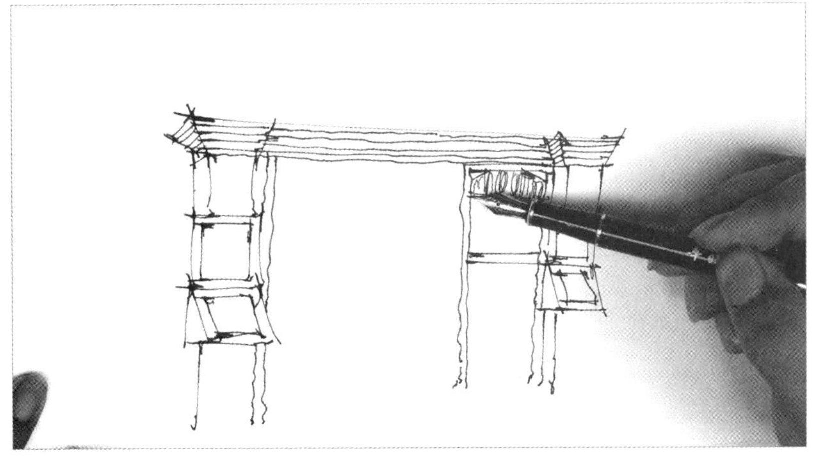

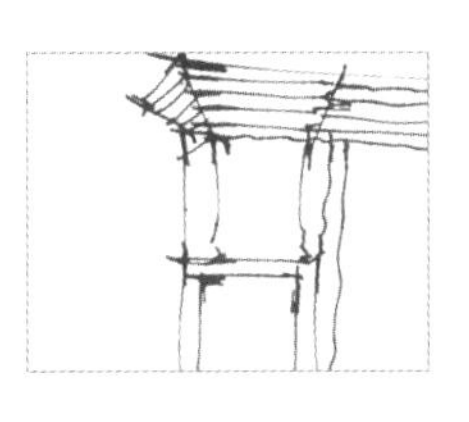

在廊柱上方绘制简单的线条，表现出前后关系。

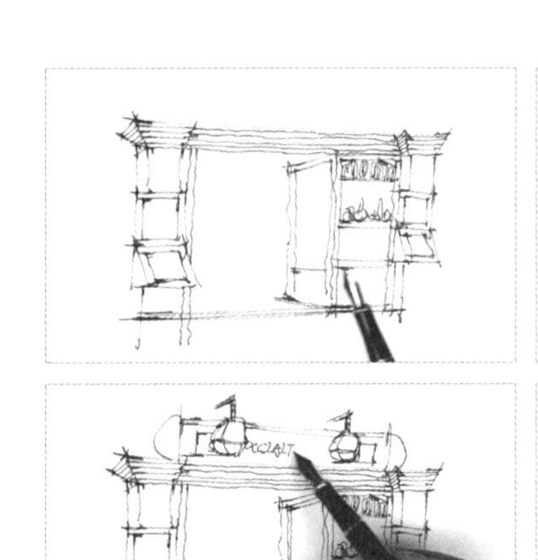

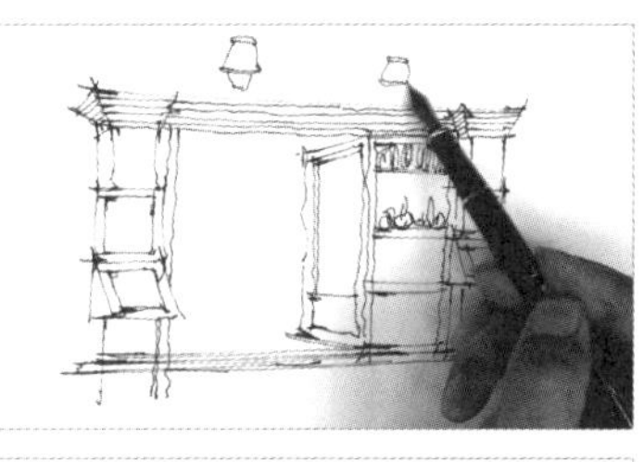

2. 画出橱窗内的陈列物，接着继续绘制出上方的广告牌和吊灯。

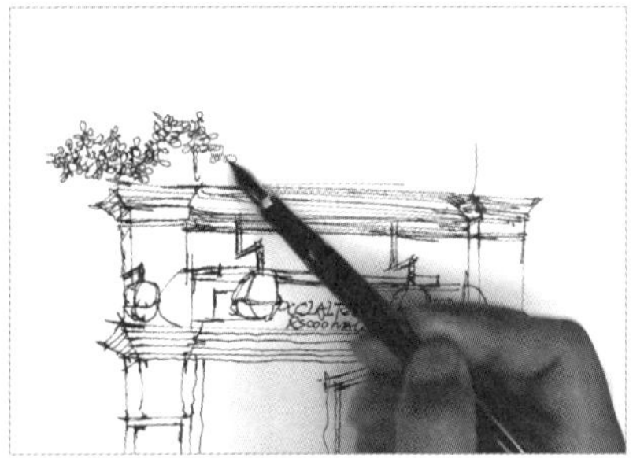

3. 绘制出上方的花藤，注意花藤不要画得太齐，要表现出参差不齐的自然效果，边缘要有垂落感。

4. 继续绘制屋内的桌椅和门上的小装饰，绘制门口的地面时，画一点厚度来表现台阶。

绘制地面的线条时，用笔要准确，线条要随意些。

5. 接着画出小店暗部的细节，暗部的绘制也要有主次变化，主要部分的暗部要强化，次要的暗部适当减弱。

6. 继续绘制画面中的暗部，出现大片的墨迹时要用纸巾将墨水吸干，以免污染画面。

完成

巴黎郊外度假村一角

图中是一间不大的小瓦房，外面放置的遮阳伞和桌椅说明这是一个具有商业用途的下午茶厅。

绘制步骤

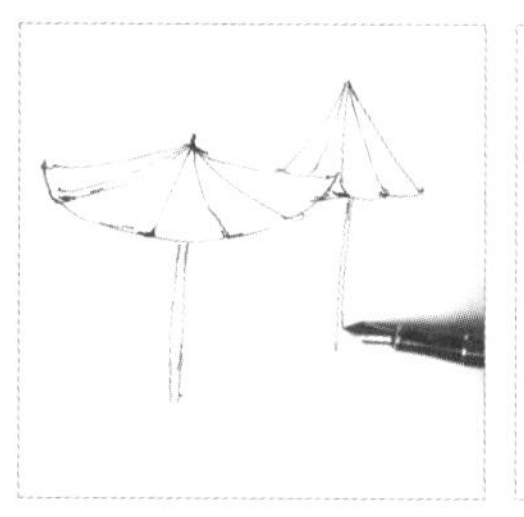

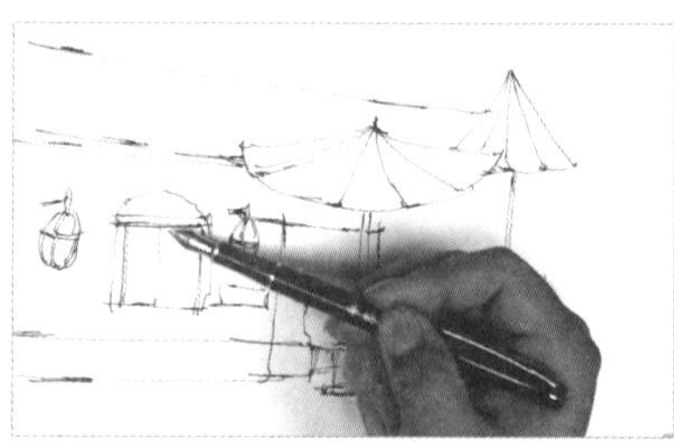

1. 先绘制出遮阳伞的线稿，注意打开和合起来的遮阳伞形状是不同的，接着绘制桌椅和小屋。

2. 绘制好小屋之后，用不规则的线条表现出石块墙面的质感，再用短弧线绘制出瓦片的层次感。

画瓦片时，后面的下笔轻一些，前面的下笔重一些，表现出前实后虚的效果。

3. 绘制出小屋的重色，将门窗和装饰物的阴影绘制出来。

4. 绘制一些地面的墨色，再添画树木的形状，大片的阴影可以用墨色直接表现。

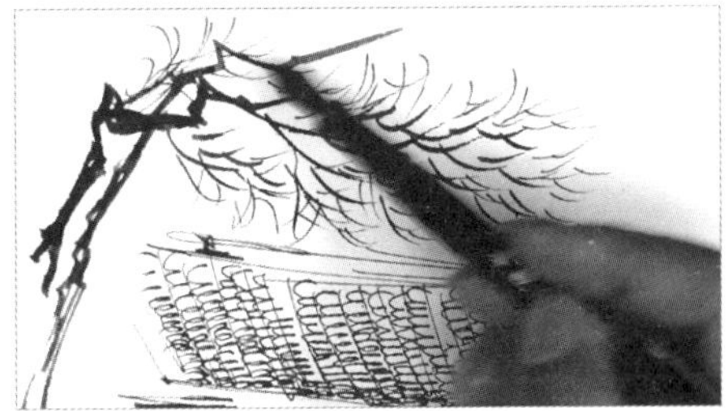

5. 在小屋左上方绘制出树枝，用点墨绘制出零星的树叶。

完成

颜色较深的背景可以衬托主体建筑物。

7.3 唯美建筑绘制

欧洲浪漫美居

上下两层的小楼非常适合居住，上面一层有遮阳伞，夏天可以乘凉，从下方攀缘而上的绿植装点整个建筑物，主人在红花绿叶间浪漫地生活。

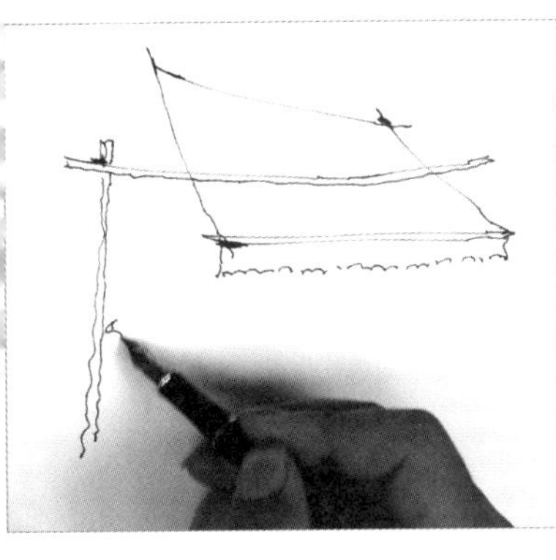

1. 先绘制出下层的屋顶和攀爬架的线稿，绘制藤本绿植时叶片顺着架子向上添加，以表现出它向上攀缘生长的状态。

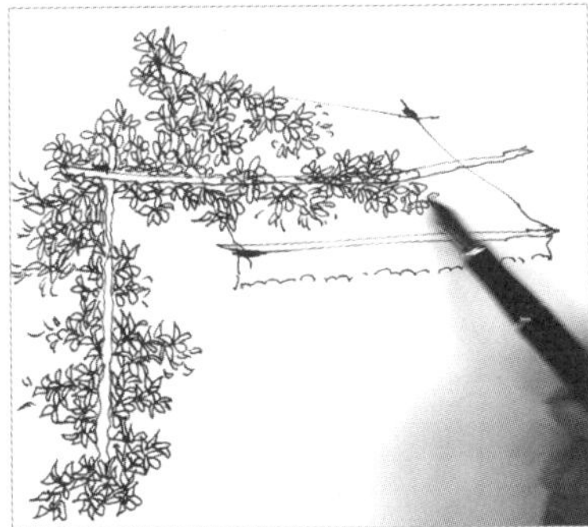

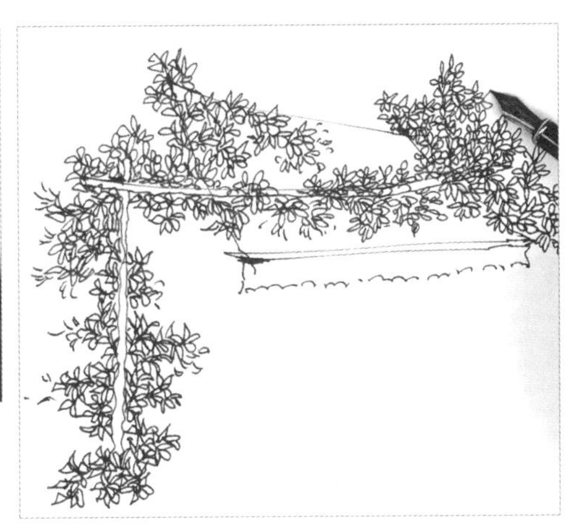

2. 继续绘制屋顶上的绿植，通过疏密变化表现出植物自然生长的状态。

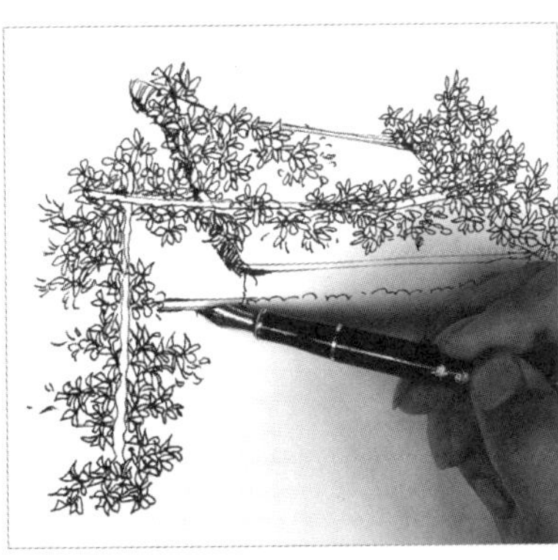

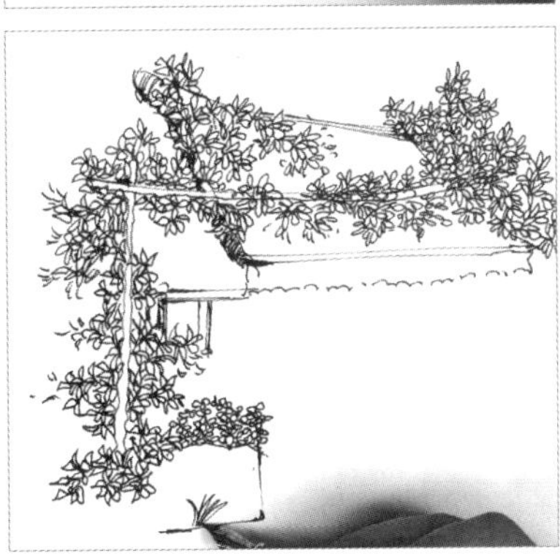

3. 接着绘制出架子下面的支撑架和其他植物，在绘制时线条较为简练，概括出整体形态即可。

4. 绘制出花架的暗面，画出布帘的褶皱和起伏变化，并画出窗户的明暗关系，以衬托前面的主体建筑物。

5. 接着绘制出右侧的篱笆和植物，用椭圆线条表现出石头地面的形状。

6. 继续绘制画面中的顶层建筑物，先画好遮阳伞和栏杆，在栏杆上绘制攀爬的植物。

7. 绘制二楼的门窗，用密集的线条绘制出向后退的效果，以衬托伞和植物的形态。

8. 用大片的墨色表现出强烈的明暗关系，当墨水堆积到一起时，可以用纸巾吸收掉多余的颜色。

完成

石头周围的一些阴影可以增强石板的体积感。

日本乡村雅居

本案例绘制的是日本乡村雅居居民区最常见的房屋，高耸的电线杆在画面中起连接作用，大树和房屋的添加给画面带来一片生机。

绘制步骤

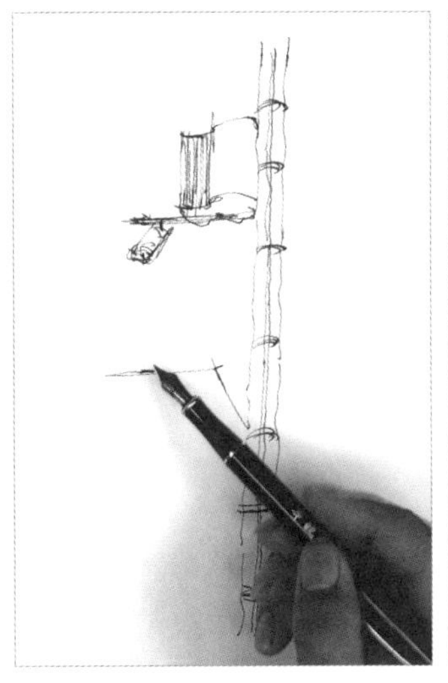

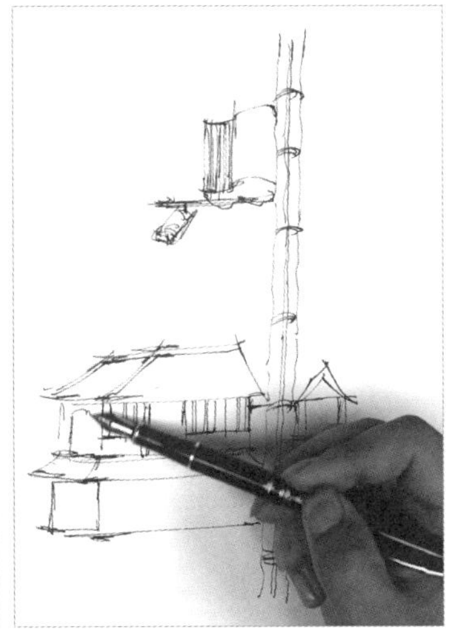

1.

先绘制出电线杆和上面的电箱，再绘制后面的小屋。

2.

接着画出两侧的房屋，高低起伏的屋顶表现出一种秩序感。

在绘制植物时先观察好植物和房屋的遮挡关系后，再进行绘画。

3.

继续绘制植物，同样的植物因为前后关系的不同呈现出来的状态也是不一样的。

4. 用墨色绘制小屋的明暗关系，用墨的多少直接影响到画面前后关系的准确性。

完成

5. 接着画出植物的暗部，暗部的绘制也要有主次变化，主要植物的暗部要强化，次要的植物暗部适当减弱，可以表现画面的层次感。

前方简单的绘制可以和后面的细致刻画形成强烈的对比。

7.4 会所建筑绘制

海岛度假会所

图中的会所屋顶的斜度较大，落地窗效果突出，都体现了海岛的建筑物特点，同时以较多的盆栽来丰富画面，给画面带来生机勃勃的氛围，符合海岛建筑特征。

绘制步骤

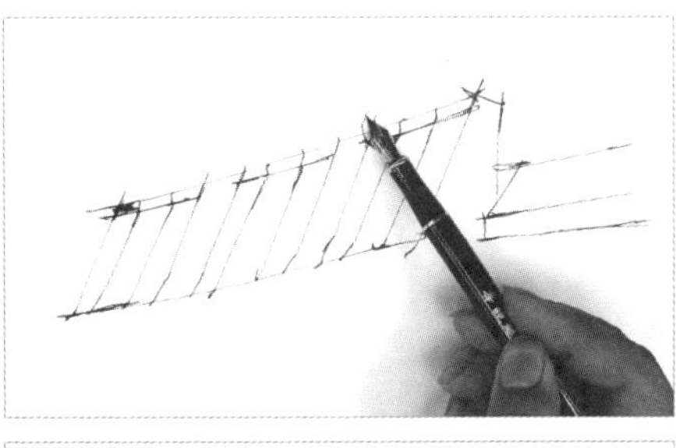

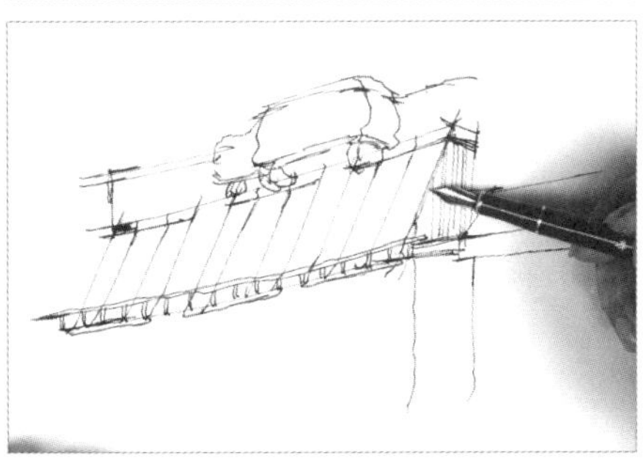

1. 先绘制线稿，用长线条表现出屋顶的条纹，绘制出顶部斜度较大的太阳能板来表现屋顶，接着画出拱形的落地窗户和前面的花盆。注意落地窗的比例要夸张，以体现海岛建筑特点。

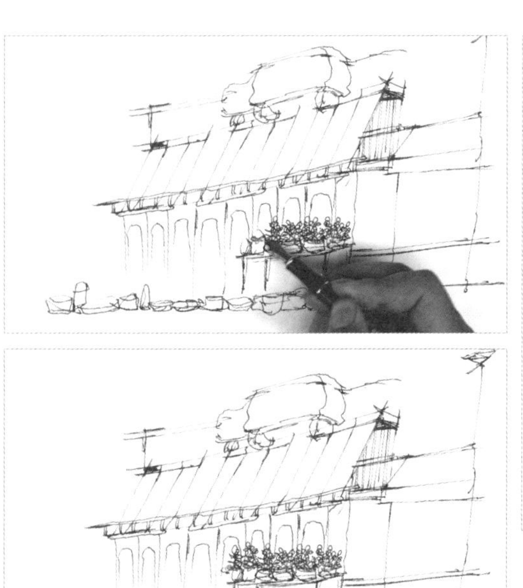

2. 继续画出桌上和地上的盆栽，用不同的线条绘制出条纹。

3. 画出拱形窗户的暗面，再绘制一些渐变效果，给屋子的侧面添加明暗关系，表现出木头的质感。

4. 继续绘制右侧的建筑物，完成建筑物的外轮廓绘制后，添加重色区分出明暗关系。

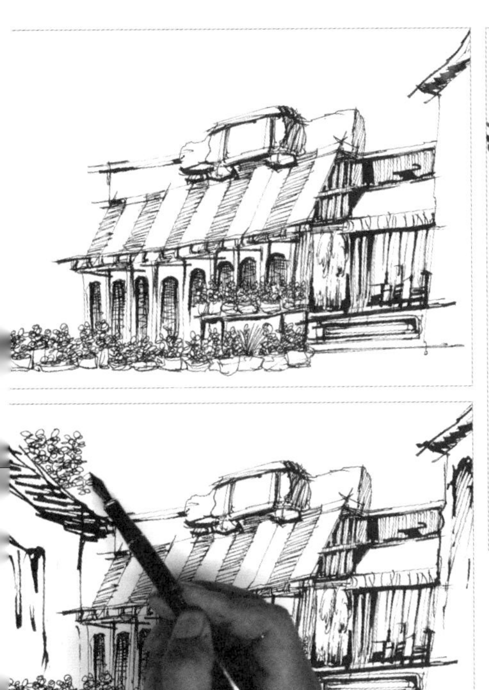

5. 接着用粗线条绘制出左侧的房屋，再用细线条画出屋顶的植物，完成整个画面的绘制。

完成

山谷中的圆形会所

图中的圆形建筑有着现代的元素，旁边的拱形门层层递进，有强烈的透视关系。较多的植物体现出了幽美的环境。

绘制步骤

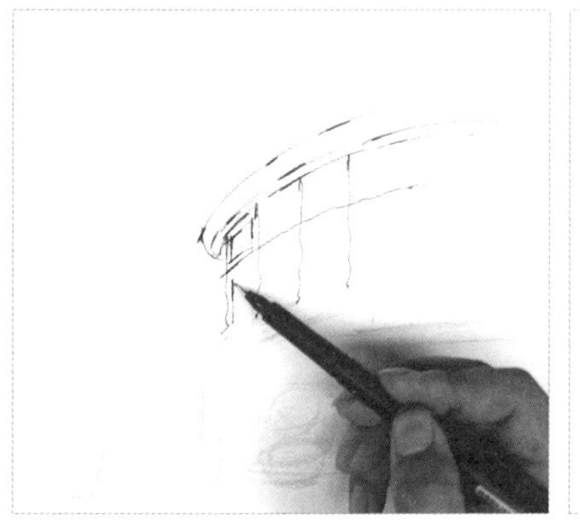

1. 先用铅笔绘制大致的块面后，再顺着铅笔稿画出右侧的建筑物。

圆形建筑物的窗户表现出圆形透视的特点。

2. 用钢笔绘制出暗部，沿着建筑物的轮廓线绘制出植物。

在绘制大面积的植物时，也要有一些透视变化，近处的植物较为繁多，层层叠叠，而远处的植物较为稀疏，将这些透视关系表现出来。

3. 绘制完建筑物上攀爬的植物后，继续绘制左侧的植物，以简练线条画出外形即可。

4. 继续绘制出地面上的盆栽，添加一些台阶以表现拱形门的纵深感。

接着绘制出植物的暗部，暗部的绘制也要有主次变化。

在画面左侧简单地添加建筑物和树，以平衡画面，最后以墨点表现出零星的树叶。

完成

7.5 民居建筑绘制

日本北海道民居

北海道民居有着明显的特点，即房屋比较矮，围墙较高，整个画面充斥着朴实的乡土气息。

绘制步骤

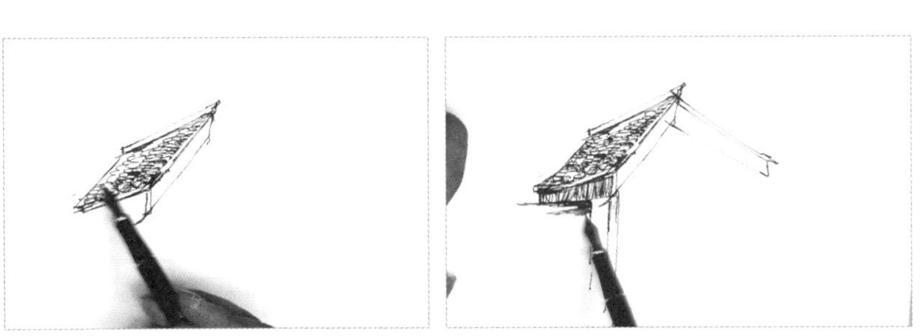

1. 先绘制屋顶，通过层层的瓦片表现细节，接着绘制围墙。

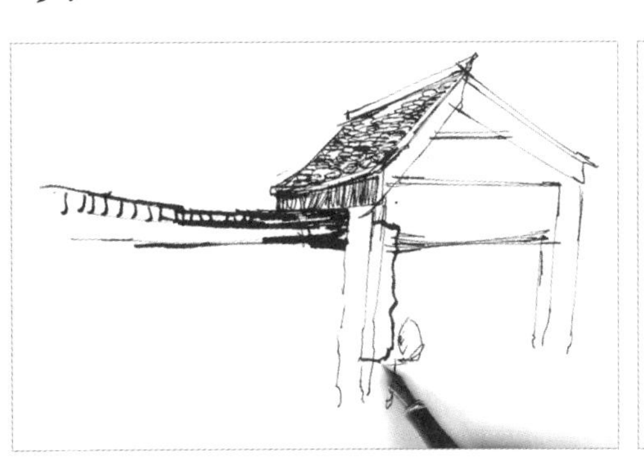

2. 在墙旁边绘制一些物品，使画面丰富起来。

3. 继续绘制树木，表现出和房屋的前后遮挡关系。

4. 接着画出画面中的暗部，大片的墨色使画面对比强烈，也可以衬托出房屋。

完成

美国费城湖边民居

木屋是乡村建筑的典型之一，木板上条纹的变化使形体有一些区分，图中的树木都是经过修剪的，外形比较有层次。

绘制步骤

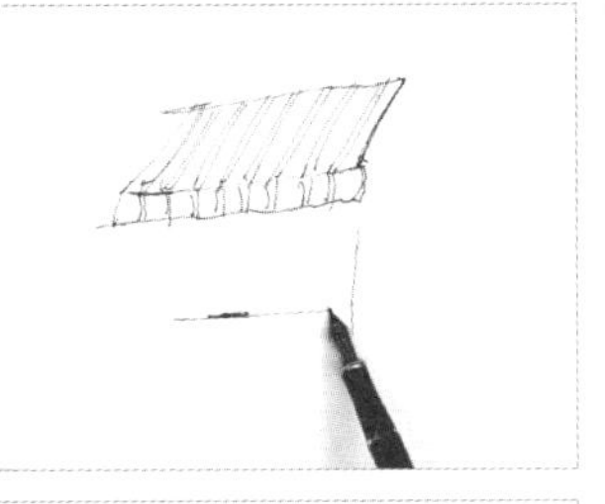

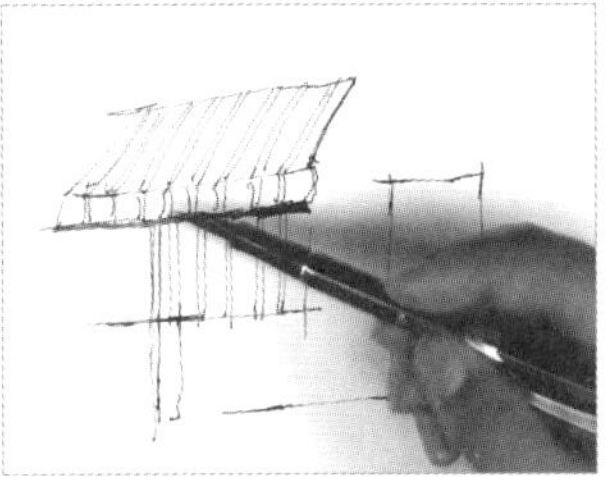

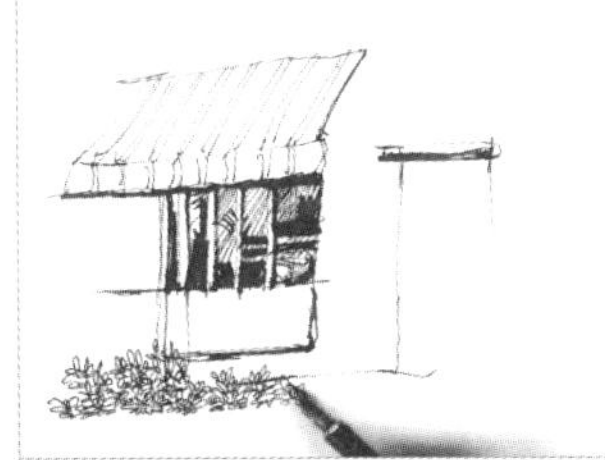

1. 绘制出条纹的遮阳棚和下方的窗户，接着画出窗台下方的植物，高一点的植物遮挡住后面的形体。

2. 接着绘制出右侧的门窗，在前面绘制一颗比较大的盆栽。

在绘制前方的植物时，后面的细节也不要忽略。

3.

绘制好树枝后添加树叶，表现出一个完整的盆栽。

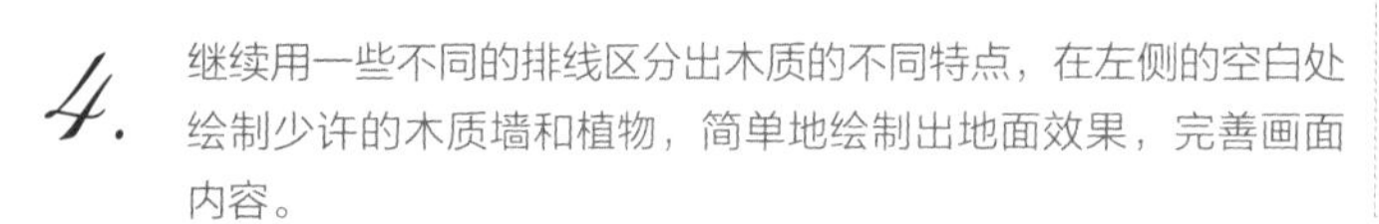

4.

继续用一些不同的排线区分出木质的不同特点，在左侧的空白处绘制少许的木质墙和植物，简单地绘制出地面效果，完善画面内容。

完成

第8章
CHAPTER 8

经典街景创作

街景的绘制要和自然场景有一些恰到好处的结合，表现出各个场景和植物的特点。

8.1 “午后”街景绘制

度假木屋

有温馨的氛围，植物的添加给场景增添了一些趣味。

绘制步骤

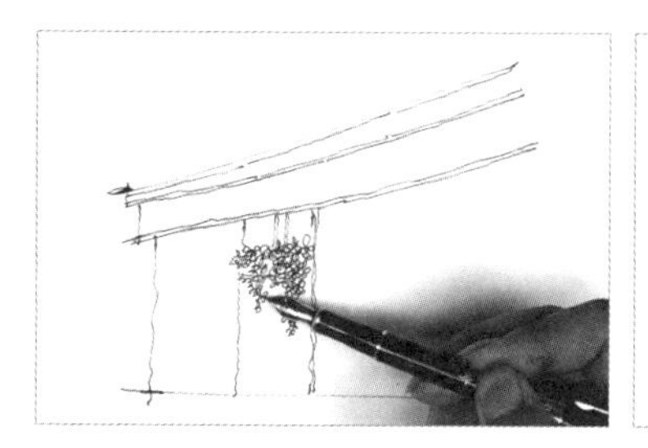

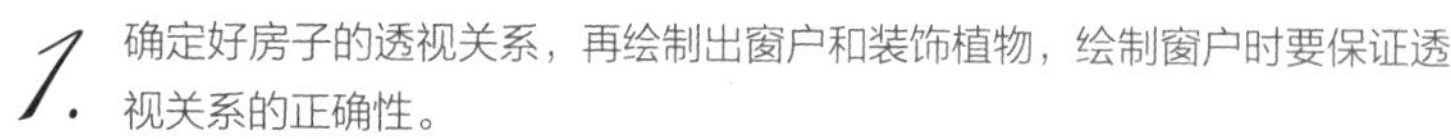

1. 确定好房子的透视关系，再绘制出窗户和装饰植物，绘制窗户时要保证透视关系的正确性。

2. 用随意的线条绘制出树的形状，树干要画得重一些，接着绘制出草地。

3. 继续绘制画面中的房屋，完成暗部的绘制。建筑物的光源要保持一致，不一致的光源会使画面不协调。

在绘制时先区分出近景和远景，再适当地添加重色去表现出前后的空间感。

4. 用钢笔绘制出暗部的颜色，颜色涂画的面积较大，要有虚实、深浅的变化。背景较重的颜色能更好地衬托出前面的大树。

5. 接着绘制房屋和地面的细节，在地面上绘制出斑驳的树影。

绘制阴影时要注意房屋和植物的阴影方向要保持一致。

完成

长满植物的门廊

图中门廊长满植物。在绘制时要注意表现出植物的不同特点，也要注意植物和门廊旁房屋的紧密联系。

绘制步骤

1. 用针管笔绘制出拱形门廊和植物的形状，添加台阶更便于表现出一点透视的特征。

2. 绘制出前面的墙体和门窗，添加花草使画面中小院的生活氛围更加自然。

3.

绘制出前面的花丛和明暗变化。

4.

给画面整体添加阴影，保持光影的统一性，使整体画面的明暗层次分明。

完成

树荫下的咖啡馆

图中的场景较为独特，以树荫下为特点来绘制咖啡馆场景。

绘制步骤

1. 绘制出咖啡馆的门窗和窗下的花卉，线条的疏密可以表现出物体的质感。

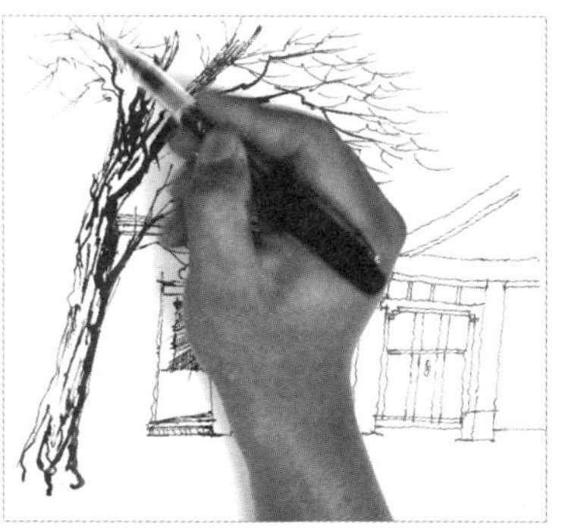

2. 用钢笔绘制出大树的树干，用针管笔画出细小的树枝和后面的植物。

3. 绘制出右侧的茂密植物，细小的树叶与前端干枯的树枝形成了鲜明的对比。

画面中不同位置的树木，明暗的变化可以表现出质感和前后关系。

4. 整体调整画面。用浓密的墨点绘制出稀疏的叶子，用细小的线条表现出木门的质感。

完成

8.2 水边街景绘制

水边的商业建筑群

图中是楼群林立的建筑场景，场景中的楼群表现出近大远小的透视规律，不同的楼层用不一样的线条表现。注意水面的线条表现。

绘制步骤

1. 先沿着岸边绘制出树木的线稿，表现出树木不同的形态。

2. 接着绘制画面中最高的建筑物，在后方添加一些楼宇。

3. 继续绘制出它后面较低的建筑物，物线条要简练，画出轮廓即可，和主要建筑物形成对比。

4.

继续绘制建筑物的暗部和细节。

5.

接着画出水面的质感，横向的线条可以表现出波纹，稍重一些的块面则是楼宇的倒影。

完成

水边的教堂群落

以教堂为主的场景，教堂塔楼楼顶具有典型的欧式建筑特征，建筑物矗立在水边，整个画面非常有韵味，要注意排线表现出水的质感。

绘制步骤

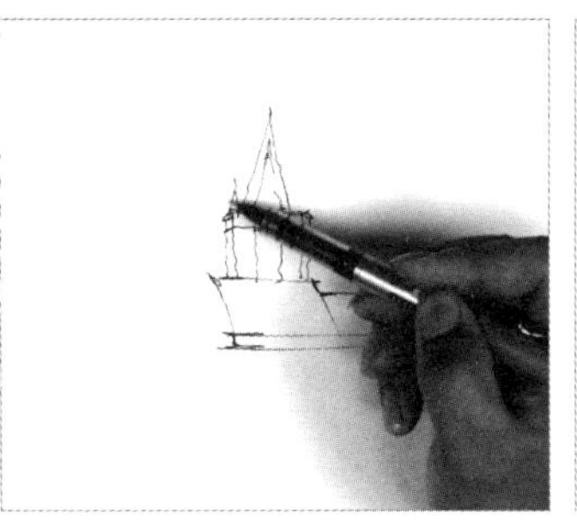

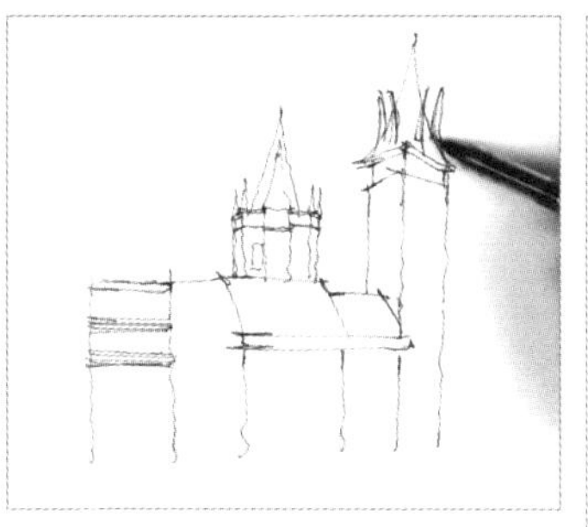

1. 先绘制出教堂塔楼楼顶和墙边的线稿，可用短线条来表现建筑特征。

教堂塔楼楼顶和墙边有好几个面，每一个面都有透视的变化。

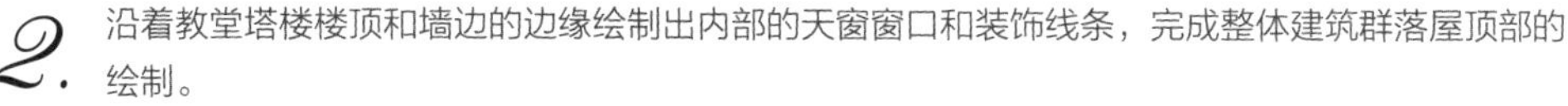

2. 沿着教堂塔楼楼顶和墙边的边缘绘制出内部的天窗窗口和装饰线条，完成整体建筑群落屋顶部的绘制。

3. 绘制完教堂楼后，画出教堂侧面上的细节，以及相应细节的暗部和阴影，要保持光源的统一性。

4. 继续绘制建筑物的细节，添画水岸的堤坝，分割画面并表现出前后的空间感。绘制出水面，使画面更加完整。

完成

有船只停泊的码头

船只在表现水的画面中经常出现，非常入画。有船的画面中经常用浮桥、飞鸟、云朵等元素来搭配。

绘制步骤

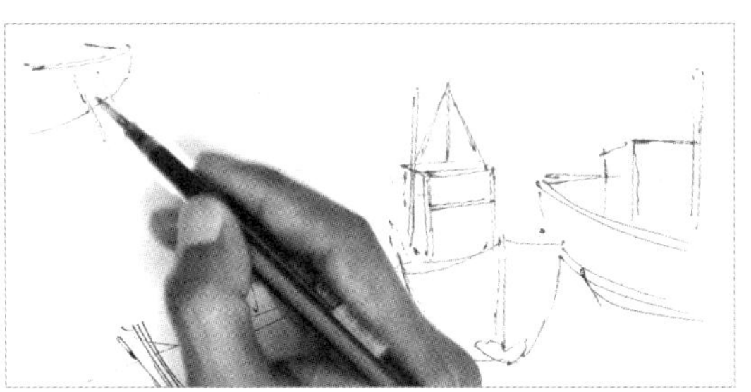

1. 先依次绘制出船只的大致外轮廓。

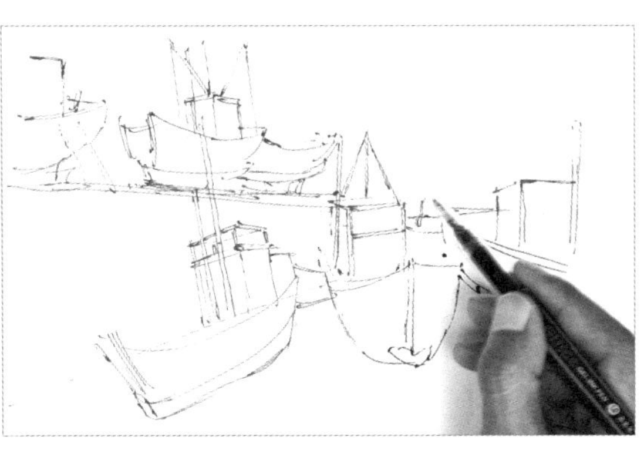

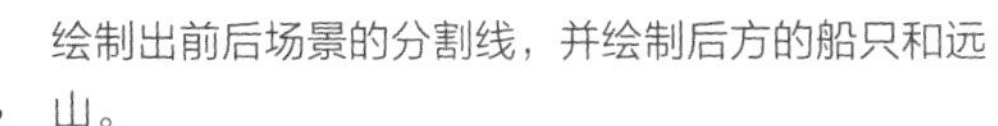

2. 绘制出前后场景的分割线，并绘制后方的船只和远山。

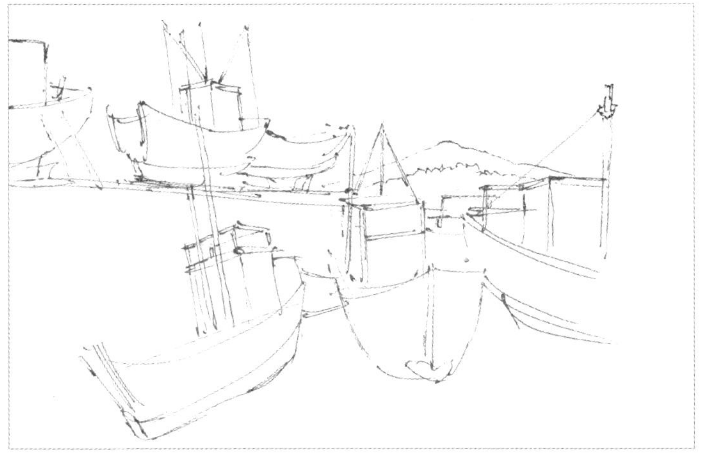

3. 绘制完简单的线条后，详细刻画前面的船只，要表现出船身的木质纹理的走向。

4. 继续绘制出船身侧面的明暗关系及阴影位置。

5. 接着画出远处船只的大体明暗关系，要分清主次。最后为画面添加细节，调整画面。

完成

8.3 浪漫街景绘制

花圃围住的小屋

本案例中有矮墙、小路和多种植物，充满生机勃勃的景象，花圃包围的小屋有着浪漫的气息，是绝佳的求婚地点。

绘制步骤

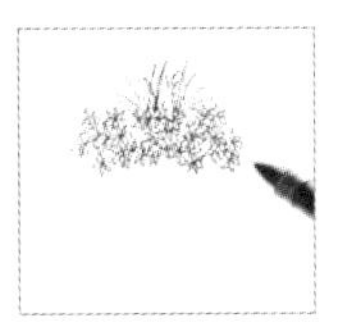

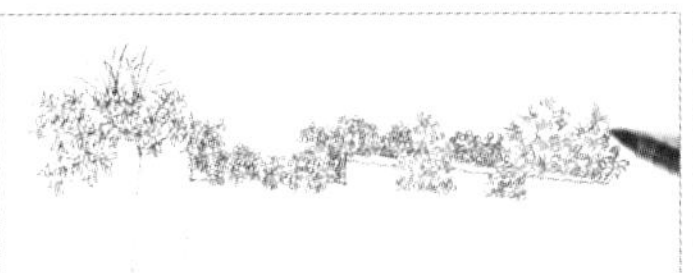

1. 先绘制出植物的线稿，绘制时要保持连贯性，再绘制出简单的建筑物线条。

2. 继续绘制植物，通过高低的穿插关系表现节奏感。

3. 用短小的线条表现出矮墙的结构，再画出花朵和植物的明暗变化。

4.
继续绘制建筑的阴影和暗部，表现出墙面的体积感。

5.
接着在地面和墙面上绘制出暗部，暗部的添加也要有主次变化，主要的要强化，次要的适当减弱，最后整体调整画面。

完成

举办婚礼的圆形剧场

本案例，以圆形建筑为中心，两侧分别是不同的景色，是经典的婚礼场地。

绘制步骤

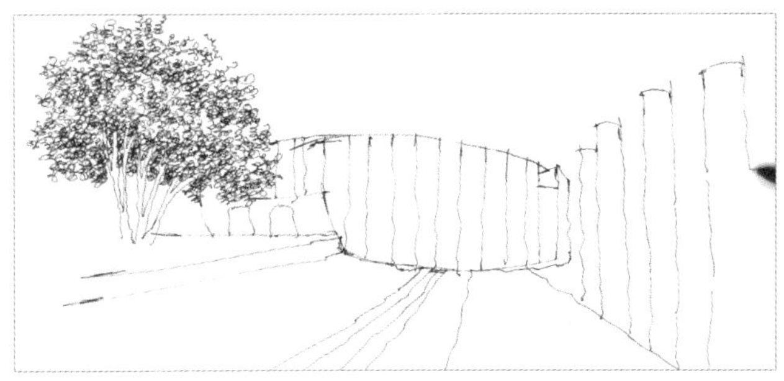

1. 先从大树开始绘制线稿，画出大的明暗关系后再绘制出建筑物的大概轮廓。

2. 继续绘制出台阶、草坪等场景，以表现出整体明暗变化。

草坪的效果和乔木、灌木都不同，大量的细小线条能够表现出草丛的生长特点。

3. 用钢笔绘制出建筑物的暗部和阴影，再绘制出右侧的柱子，表现出逐渐向后的透视效果。

4. 继续绘制暗部，加强明暗对比，使画面的效果更加强烈。最后添加细节，调整画面。

完成

爱的木屋

图中的爱的木屋有着两层结构，上方的植物很高，给小屋带来生机，充满“爱”的希望下方的木门有往后纵深的视觉效果。

绘制步骤

1. 先绘制出门和木架的结构，在此基础上绘制出攀爬的植物，在右侧绘制出高大的珠状植物。

2. 绘制出木屋上层的结构，在下方画一些阴影，表现出光线的方向。

3.

给木架画出强烈的明暗效果，在右侧添加一些植物。

4.

继续绘制出木质纹路，再添加一些电线等细节，完成画面的整体绘制。

完成

欣赏图